Die Theorie des Nebensprechens

auf Leitungen

Die
Theorie des Nebensprechens auf Leitungen

Von

Dr.-Ing. Wilhelm Klein

Privatdozent an der Technischen Universität
Berlin-Charlottenburg

Mit 55 Abbildungen

Springer-Verlag

Berlin / Göttingen / Heidelberg

1955

ISBN 978-3-540-01930-5   ISBN 978-3-642-50181-4 (eBook)
DOI 10.1007/978-3-642-50181-4

Vorwort.

Die Theorie des Nebensprechens bei hohen Frequenzen in einem Leitungsbündel ist in den letzten Jahren zu einem gewissen Abschluß gekommen; das Berechnungsverfahren ist soweit geklärt, daß man es auf mehrere Betriebsfälle anwenden und an Messungen zahlenmäßig kontrollieren konnte. Andererseits sind einige praktisch wichtige Fälle heute noch nicht behandelt, u. a. das Nebensprechen zwischen den Nebenvierern eines Trägerfrequenzkabels.

Aus diesen Gründen erschien es wünschenswert, die auf diesem Gebiet veröffentlichten Arbeiten (ergänzt durch einige noch unveröffentlichte Ergebnisse) zusammenfassend darzustellen. Dabei zeigte es sich, daß, auch abgesehen von ihrer praktischen Bedeutung, diese Mehrleitertheorie innerhalb der theoretischen Elektrotechnik zu einem abgerundeten Gebiet geworden ist, das schon aus diesem Grunde eine eingehendere Darstellung lohnt.

Das benötigte mathematische Rüstzeug geht im allgemeinen nicht über die Vorprüfungsanforderungen für Elektrotechniker an den Technischen Hochschulen hinaus. Lediglich die Matrizenschreibweise kann man heute noch nicht als allgemein bekannt voraussetzen. Es war daher notwendig, die verwendeten Rechenregeln im Anhang zusammenzustellen.

In diesem Buch sind die Rechnungen bis zu der zahlenmäßig auswertbaren Endformel durchgeführt. Die Folgerungen jedoch, die für Bau und Betrieb von Trägerfrequenzleitungen daraus zu ziehen sind, sind hier nur kurz angedeutet, da eine eingehende Darstellung dieser praktischen Fragen in meinem Buch „Trägerfrequenztechnik" gegeben ist.

Zahlreiche Anregungen, die ich hier verwertet habe, verdanke ich der Zusammenarbeit mit meinem Kollegen Dipl.-Ing. Franz Rinck. Während des Krieges haben wir im Reichspostzentralamt Berlin gemeinsam die Nebensprechfragen bei Trägerfrequenz-Freileitungen bearbeitet; später, bei unserer Tätigkeit im Institut für Schwingungsforschung der Technischen Universität Berlin, wurde meine Arbeit am Nebensprechen der Kabelleitungen durch häufige Diskussionen mit ihm angeregt. Weiter habe ich ihm für die Hilfeleistung bei der Korrektur dieses Buches zu danken.

Berlin, im Oktober 1954. **Wilhelm Klein.**

Inhaltsverzeichnis.

---

* Die mit einem Stern gekennzeichneten Paragraphen können bei der ersten Durchsicht des Buches überschlagen werden.

Einleitung.

§ 1. Die Aufgabe.

Das Nebensprechen, d.h. die gegenseitige Beeinflussung der Leitungen, ist heute das Hauptproblem der Übertragungstechnik auf symmetrischen Leitungen. Immer dann, wenn Leitungen in einem Kabel oder auf einem Freileitungsgestänge ein größeres Stück parallel betrieben werden, tritt Energie aus einer dieser Leitungen in die anderen über und stört dort mehr oder weniger die Übertragung. Da für jede Übertragung eine bestimmte Güte gewährleistet werden muß, ist das höchst zulässige Verhältnis zwischen Störspannung und Nutzspannung in einer Leitung vorgeschrieben. Eine Vergrößerung der Zahl der Nachrichten, also eine Verbreiterung des übertragenen Gesamtfrequenzbandes würde aber eine Überschreitung dieser zulässigen Nebensprechspannung mit sich bringen und ist daher nur möglich, wenn es gleichzeitig gelingt, z.B. durch konstruktive Maßnahmen die Nebensprecheigenschaften der Linie zu verbessern.

Die große wirtschaftliche Bedeutung des Nebensprechens ergibt sich aus folgender Überlegung: In einer Trägerfrequenzanlage ist der Verstärkerabstand außer durch die Verstärkungsziffer durch die Leitungsdämpfung bei der höchsten übertragenen Frequenz gegeben. Halbiert man also die Verstärkerfelder durch Zwischenschalten je eines Verstärkerpunktes, dann läßt sich die doppelte Leitungsdämpfung überbrücken, man kann also die höchste Frequenz auf das Vierfache[1] erhöhen, d.h. man kann etwa viermal soviel Gespräche wie vorher auf dem Kabel unterbringen. Natürlich ist eine solche erhöhte Ausnutzung des Kupfers und des Bleis sehr verlockend, sie scheitert aber zunächst daran, daß ohne besondere Maßnahmen das Nebensprechen bei der vierfachen Frequenz bei weitem die zulässigen Werte überschreitet. Die Entwicklung der Trägerfrequenztechnik vom Zwölffachsystem U im Jahre 1939 zum Sechzigfachsystem $V\,60$ im Jahre 1950 und zum Hundertzwanzigfachsystem $V\,120$ im Jahre 1953 ist daher in kabeltechnischer Hinsicht im wesentlichen ein Problem der Verbesserung des Nebensprechens gewesen. Die Schwierigkeiten der eigentlichen Übertragung (z.B. die Erhöhung der kilometrischen Dämpfung) fallen demgegenüber nicht ins Gewicht.

---

[1] Bei diesen Frequenzen von einigen Hundert Kilohertz wächst die Leitungsdämpfung sehr angenähert mit der Wurzel aus der Frequenz.

Aus dieser Tatsache ersieht man die außerordentlich wirtschaftliche
Bedeutung des Nebensprechproblems, wenn man berücksichtigt, daß bei
jeder Leitungsübertragung über größere Entfernungen der weitaus größte
Aufwand in den Leitungen und nicht in den Amtseinrichtungen steckt.

Die technischen Gebilde, für die die Nebensprechtheorie heute in der
Hauptsache von Interesse ist, sind in Abb. 1 bis 4 dargestellt. Die Frei-
leitungslinien mit zwei Leitungen (Doppeldrehkreuzlinie, Abb. 1) und
mit drei oder mehr Leitungen (Abb. 2) werden mit einer Höchstfrequenz
von etwa 150 kHz betrieben. Bei der Doppeldrehkreuzlinie beruht die

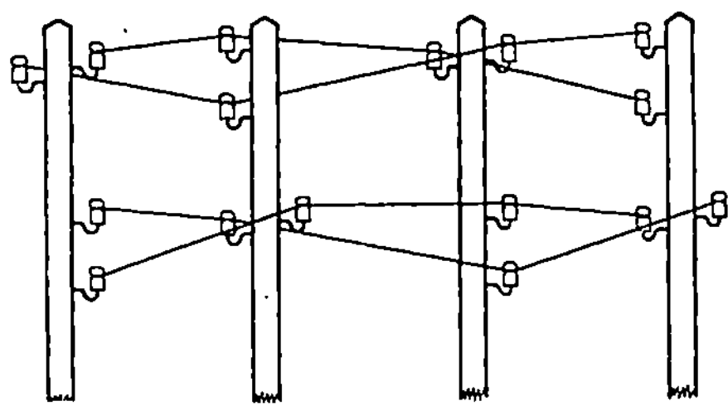

Abb. 1. Doppeldrehkreuzlinie.

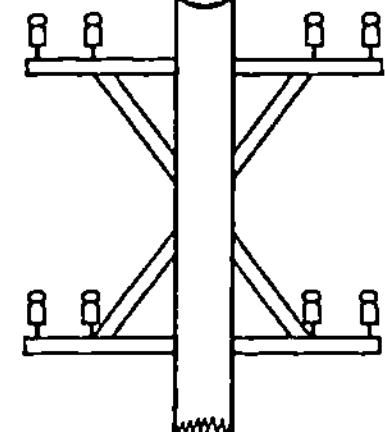

Abb. 2. Vierfachträgerfrequenzlinie.

Beseitigung des Nebensprechens u. a. auf der aus der Abbildung ersicht-
lichen gegenseitigen Verdrillung der beiden Leitungen, die Vierfachträgerfrequenzlinie besteht demgegenüber aus Paralleldrahtleitungen,
die nach einem bestimmten Kreuzungsschema punktförmig gekreuzt
sind. Abb. 3 zeigt das schon erwähnte verseilte Trägerfrequenzkabel, das
aus 9 + 3 = 12 Sternvierern besteht und 24 × 60 = 1440 Gespräche bzw.
neuerdings 24 × 120 = 2880 Gespräche übertragen kann[1]. Für die Gegen-
richtung ist ein zweites gleiches Kabel erforderlich, das im gleichen
Kabelgraben liegt. Die Beeinflussung dieser beiden nebeneinanderliegenden Kabel ist vernachlässigbar im Vergleich zu der der Leitungen innerhalb des einen Kabels. Anders liegen die Dinge bei zwei koaxialen Kabeln
(Abb. 4), denn hier besteht jedes Kabel nur aus einer einzigen Leitung,
so daß ausschließlich das Nebensprechen zwischen den beiden Kabeln
zu betrachten ist. Zwei derartige Kabel (jedes für eine Gesprächsrich-
tung) werden heute z. B. mit 960 Gesprächen in einem Frequenzband von
60 kHz bis 4092 kHz belegt.

Zwischen dem Nebensprechen der Freileitungen und der verseilten
Kabel einerseits und dem der koaxialen Kabel andererseits besteht ein
grundlegender Unterschied. Allgemein entsteht das Nebensprechen dadurch, daß die störende Leitung um sich herum ein elektrisches Feld
und ein Magnetfeld erzeugt; durch diese beiden Felder wird die Energie

---

[1] Weiterhin sind Kabel mit 3, 4 und 7 Sternvierern im Gebrauch sowie ge-
mischte Kabel aus koaxialen Leitungen (Abb. 4) und Sternvierern.

auf die anderen Leitungen übertragen. Bei Freileitungen und innerhalb eines verseilten Kabels wird diese Störenergie um so größer, je höher die Frequenz ist. Anders ist es bei den koaxialen Kabeln. Hier dringen zwar bei tiefen Frequenzen die Felder durch die Rohre hindurch und geben so Veranlassung zum Nebensprechen; mit zunehmender Frequenz jedoch verringern sich infolge der Stromverdrängung die durchdringenden Felder und damit das Nebensprechen immer mehr. Bei koaxialen Kabeln ist daher die *tiefste* übertragene Frequenz die kritische. Das Nebensprechproblem hat demnach hier nicht die oben geschilderte große

Abb.3. 24paariges Trägerfrequenzkabel.

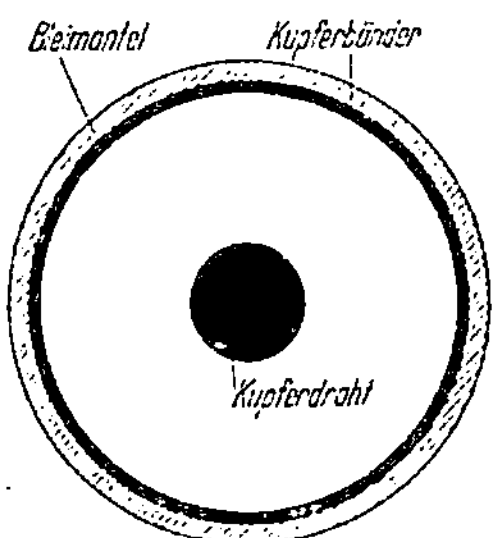

Abb.4. Koaxiales Kabel.

wirtschaftliche Bedeutung, weil eine Vergrößerung der Gesprächszahl durch Erhöhung der *höchsten* übertragenen Frequenz keine Verschlechterung des Nebensprechens bedingt. Wir werden uns aus diesem Grunde hier nicht weiter mit dem Nebensprechen bei koaxialen Kabeln[1] befassen, zumal es auch methodisch nicht zu den hier behandelten Problemen paßt. Es beruht, wie gesagt, auf der *unvollständigen* Stromverdrängung in den beiden Rohren, während wir für die Nebensprechtheorie der Freileitungen und der verseilten Kabel gerade die *vollständige* Stromverdrängung voraussetzen werden. Vollständige Stromverdrängung bedeutet aber ideale Abschirmung, daher ist bei koaxialen Kabeln in diesem Fall überhaupt kein Nebensprechen mehr vorhanden.

Um die Schwierigkeiten würdigen zu können, die sich einer Verbesserung des Nebensprechens entgegenstellen, muß man sich die Anforderungen vergegenwärtigen, die in dieser Hinsicht an die Leitungen gestellt werden. Ein Trägerfrequenzkabel üblicher Bauart nach Abb. 3 besteht aus einem Bleirohr von etwa 30 mm Innendurchmesser, in dem 48 Drähte in einer ziemlich losen Papierisolation liegen. Die Abstände der einzelnen Drähte betragen nur wenige Millimeter. Zwei Leitungen in diesem Kabel laufen in diesem geringen Abstand 18 km nebenein-

---

[1] Eine zusammenfassende Darstellung dieser Theorie findet sich in dem Buch von H. KADEN [*34*].

1*

ander her, werden dann zwischenverstärkt, laufen wieder 18 km usw. und man verlangt, daß dabei schließlich bei einer Länge von 2500 km[1] von der einen Leitung auf die unmittelbar danebenliegende nicht mehr als $^1/_{400\,000}$ der Leistung[2] herübergekommen sein soll. Und zwar soll diese Bedingung noch erfüllt sein beim V 60-Gerät für 252 kHz, d. h. für eine Frequenz des Rundfunklangwellenbereichs, oder für das V 120-Gerät sogar für 552 kHz, d. h. für eine Frequenz, die bereits im Mittelwellenbereich liegt. Jeder Fachmann, der die Eigenheiten der Rundfunkfrequenzen kennt, würde wohl derartige Forderungen als phantastisch ablehnen, wenn er nicht wüßte, daß solche Leitungen in großem Umfang bereits in Betrieb sind. Andererseits wird so verständlich, daß beim heutigen Stand der Technik weitere Verbesserungen des Nebensprechens nur dann noch möglich sind, wenn man sich über seinen Entstehungsmechanismus unbedingt im klaren ist. Das aber ist eigentlich erst dann wirklich der Fall, wenn man aus den theoretischen Vorstellungen Formeln ableiten kann, mit denen sich aus den geometrischen Abmessungen der Linie das Nebensprechen errechnen läßt und wenn diese Rechenergebnisse in befriedigender Weise mit den Meßergebnissen übereinstimmen. Dieses Ziel ist heute bereits für einen beachtlichen Teil der praktisch interessierenden Nebensprechprobleme erreicht. Es erschien daher zweckmäßig, in diesem Buch die Ergebnisse der in der Literatur verstreuten Aufsätze systematisch zusammenzufassen.

Die Aufgabe, die wir uns damit gestellt haben, nämlich die Berechnung des Nebensprechens von Freileitungen und verseilten Kabeln aus ihren geometrischen Abmessungen, zerfällt in zwei Teile. Zunächst wird in einem Längenelement der Linie, das elektrisch kurz, also klein gegenüber der Wellenlänge der betrachteten Frequenz ist, die Beeinflussung infolge des elektrischen und magnetischen Feldes ermittelt (vgl. Teil I: Die Berechnung der Kopplungen aus den geometrischen Abmessungen). Man hat dann anschließend die Wirkung jedes einzelnen Längenelements auf das Nebensprechen zu berechnen und alle diese Anteile über die Länge zu summieren (Teil II: Die Berechnung des Nebensprechens aus den Kopplungen). In einem dritten Teil wird schließlich die Theorie auf praktisch wichtige Fälle angewendet.

Es mögen schon an dieser Stelle einige Gesichtspunkte hervorgehoben werden, die für die Aufstellung der Theorie wesentliche Bedeutung haben.

---

[1] Das entspricht etwa der Entfernung Berlin—Nordkap.

[2] Das Störgeräusch setzt sich aus dem Wärme- und Röhrenrausch, dem Klirrgeräusch und dem Nebensprechgeräusch zusammen. Man rechnet bei verseilten Kabeln mit 1 pW/km am relativen Pegel 0 Neper für jeden dieser drei Anteile. Für eine Bezugslänge von 2500 km erhält man also ein zulässiges Nebensprechgeräusch von 2500 pW am relativen Pegel 0, d. h. bezogen auf eine Nutzleistung von 1 mW. Das Verhältnis dieser beiden Leistungen ist $^1/_{400\,000}$.

Einer der ersten Schritte besteht darin, daß man aus dem Drahtbündel, das aus z Drähten und der Erde bzw. dem Bleimantel besteht, z Leitungen bildet (§ 5). Diese Leitungen sind im allgemeinen Stammleitungen, Phantomleitungen und unsymmetrische Systeme[1]. Für diese Leitungsbildung aus den Drähten gibt es bei größeren z außerordentlich viele Möglichkeiten, doch ist man insofern beschränkt, als erstens natürlich die betrachtete störende und gestörte Leitung zu ihnen gehören müssen und zweitens alle Leitungen nur sehr lose miteinander gekoppelt sein dürfen. Es ist eine wesentliche Voraussetzung der Theorie, daß es möglich ist, die Leitungsbildung aus dem Bündel so durchzuführen, daß die gegenseitige Kopplung lose genug ist, daß man die Rückwirkung der beeinflußten Leitung auf die beeinflussende Leitung vernachlässigen kann. In diesem Fall ergibt sich eine entscheidende Vereinfachung des Problems, wodurch seine Lösung überhaupt erst in den Bereich des Möglichen rückt. Bezeichnet man nämlich die störende Leitung mit 1, die gestörte mit 2 und die übrigen Leitungen mit 3, 4, 5, ..., so zerfällt unter dieser Voraussetzung der Vernachlässigung der Rückwirkung das Nebensprechen in Leitung 2 in eine Anzahl Anteile, die man kurz mit $1 \to 2$, $1 \to 3 \to 2$, $1 \to 4 \to 2$, $1 \to 5 \to 2$, ... kennzeichnen kann. Dieser eine unmittelbare Anteil $1 \to 2$ sowie die $z - 2$ mittelbaren Anteile über die „dritten" Leitungen 3, 4, 5, ... werden einzeln unabhängig voneinander berechnet und dann addiert. Eine zweite Voraussetzung bedingt, daß die Leitungen 1 und 2 an beiden Enden mit ihren Wellenwiderständen abgeschlossen sein sollen. Die dritten Leitungen 3, 4, 5, ... sollen beiderseits entweder ebenfalls mit den Wellenwiderständen abgeschlossen sein oder sie sollen offen oder kurzgeschlossen sein. Ist diese Voraussetzung in der Praxis nicht genau genug erfüllt, so bedeutet das nur, daß infolge der Reflexionen gewisse zusätzliche Anteile auftreten (z. B. Fernnebensprechen durch reflektiertes Nahnebensprechen), die aber verhältnismäßig leicht nachträglich zu berücksichtigen sind. Weiter wird vorausgesetzt,

---

[1] Wir verwenden in diesem Buch folgende Bezeichnungen:

Das Drahtbündel besteht aus „Leitern", nämlich aus „Drähten" und der „Hülle" (also dem „Kabelmantel" oder im Grenzfall der unendlich ausgedehnten ebenen „Erde"). Die Leiter werden zu „Leitungen" zusammengefaßt, die aus einer „Hinleitung" und einer „Rückleitung" bestehen. Die Leitungen können „symmetrisch" sein („Stammleitungen", „Phantomleitungen") oder es sind „unsymmetrische Leitungen" („Einfachleitungen" und „unsymmetrische Systeme"). In dem Leitungsbündel gibt es eine „störende" und eine „gestörte" Leitung, die übrigen sind die „dritten" Leitungen. Der Sender liegt am Anfang der störenden Leitung. Die Spannung am sendernahen Ende der gestörten Leitung ist die „Nahnebensprechspannung", die am senderfernen Ende die „Fernnebensprechspannung". In der Trägerfrequenztechnik kann man es in der Regel so einrichten, daß die Nahnebensprechspannung sich nicht störend auswirkt.

Alle diese Begriffe werden an den entsprechenden Stellen noch genauer definiert.

daß die Wellenwiderstände der Leitungen über die Länge nicht wesentlich schwanken, so daß die durch innere Reflexionen hervorgerufenen
Anteile zu vernachlässigen sind.

Eine weitere wichtige Voraussetzung betrifft eine Beziehung zwischen
dem magnetischen und dem elektrischen Feld bzw. zwischen den Gegeninduktivitäten und den gegenseitigen Kapazitäten (§ 3). Man nimmt die
Leiter als frei von Magnetfeldern an, d.h. man vernachlässigt die sog.
inneren Induktivitäten. Es ist verständlich, daß in diesem Fall einfache
Beziehungen zwischen den elektrischen und den magnetischen Kopplungsfaktoren bestehen (§ 7). Die Voraussetzung hierfür ist für die erwähnten verseilten Trägerfrequenzkabel oberhalb von 30 bis 60 kHz erfüllt, bei Freileitungen im ganzen Frequenzbereich.

Die Kopplungsfaktoren $\varkappa$ lassen sich für jeden Kabelquerschnitt bzw.
bei Freileitungen für jedes Gestängebild berechnen, wenn die Lage der
einzelnen Drähte bekannt ist (§ 8 bis § 11). Man erhält so die $\varkappa$ als Funktion der Längskoordinate, und man kann damit die Differentialgleichungen für ein Längenelement der Linie (die verallgemeinerten Telegraphengleichungen) aufstellen (§ 13). Aus ihrer Integration unter Berücksichtigung der Grenzbedingungen an den Leitungsenden erhält man so die
gewünschten Formeln für das Fernnebensprechen und das Nahnebensprechen.

§ 2. Geschichtliche Bemerkungen.

a) Nahnebensprechen und Fernnebensprechen. Die Theorie des Nebensprechens auf einem Leitungsbündel entwickelte sich kurz vor dem ersten
Weltkrieg, nachdem man erkannt hatte, daß die sehr unerwünschte
gegenseitige Beeinflussung der Leitungen durch die elektrischen und
magnetischen Felder in ihrer Umgebung hervorgerufen wird. Bei dem
niederfrequenten Betrieb einer Zweidrahtleitung ohne Verstärker wird
auf der Leitung in beiden Richtungen gesprochen. Bei zwei derartigen
Leitungen stören also nach Abb. 5 sowohl das Nahnebensprechen N
(störender Sender und gestörter Empfänger am gleichen Ort) wie das
Fernnebensprechen F (störender Sender und gestörter Empfänger an
verschiedenen Enden der Leitungen). Bei Freilei-

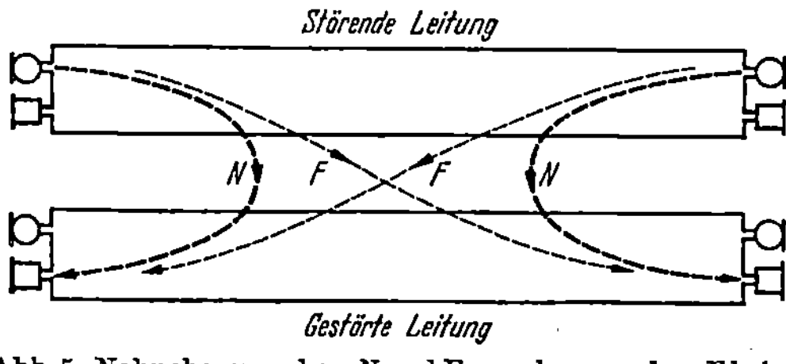

Abb. 5. Nahnebensprechen N und Fernnebensprechen F beim
verstärkerlosen Niederfrequenzbetrieb

tungen ist das Nahneben-
sprechen größer als das
Fernnebensprechen, also genügt es hier, beim Niederfrequenzbetrieb
sich mit dem Nahnebensprechen zu befassen. Für Kabelleitungen mit

Zweidrahtverstärkern gilt das gleiche, und auch bei Vierdrahtleitungen ist zwischen den beiden Gesprächsrichtungen das Nahnebensprechen wirksam. Deswegen hat man sich beim Aufbau des niederfrequenten Fernkabelnetzes im wesentlichen auf die Entwicklung der Theorie des Nahnebensprechens beschränkt. Durch das Aufkommen der Trägerfrequenztechnik zwischen den beiden Weltkriegen bekam man aber die Möglichkeit, in allen Fällen das ungünstigere Nahnebensprechen zu vermeiden. Seit dieser Zeit ist deshalb vor allem die Theorie des Fernnebensprechens entwickelt worden.

b) Die Theorie des Freileitungsnebensprechens. Die grundlegende zusammenfassende Arbeit über das Nebensprechen bei Freileitungen stammt von K. W. WAGNER [1] aus dem Jahre 1914. Sie behandelt an sich die Beeinflussung einer Fernmeldeleitung durch Wanderwellen auf einer parallellaufenden Hochspannungsleitung, doch ist die Theorie so allgemein gefaßt, daß sie auch den praktisch viel wichtigeren Fall des Nebensprechens zweier Fernmeldeleitungen enthält. Sie ist im besonderen auf das Nahnebensprechen zwischen den einzelnen Leitungen einer Freileitungslinie und in einem unbelasteten Trägerfrequenzkabel bei Frequenzen oberhalb etwa 60 kHz anwendbar. Besonders nachdrücklich hat WAGNER dabei (wie auch in einem späteren Aufsatz [13] von 1934) auf die Vorteile des Begriffs der *elektrischen* Induktivität bzw. Gegeninduktivität an Stelle der Kapazität hingewiesen, weil diese elektrische Induktivität unter den hier vorliegenden Voraussetzungen proportional der üblichen magnetischen Induktivität ist und weil sie einfach aus den geometrischen Abmessungen zu berechnen ist. Dieser Begriff hat sich jedoch damals nicht eingebürgert. Erst in neuester Zeit [40] ist man wieder auf ihn zurückgekommen (vgl. § 3a).

Eine wesentliche Verbesserung des Nahnebensprechens ist durch Kreuzen der Leitungen zu erreichen. Daher untersuchte man damals die Theorie des Nahnebensprechens gekreuzter Paralleldrahtleitungen, und es wurde die Kreuzungstechnik dieser Leitungen entwickelt (PINKERT 1919 [2], Vos und AURELL 1936 [16], vgl. § 21a—c).

Inzwischen erwies es sich durch das Aufkommen der Freileitungsträgerfrequenztechnik als notwendig, auch das Fernnebensprechen zu untersuchen. Dabei zeigt sich die überraschende Tatsache, daß unter der Voraussetzung der Vernachlässigbarkeit der inneren magnetischen Induktivitäten zwischen nur *zwei* Leitungen überhaupt kein Fernnebensprechen auftritt, weil sich dann der vom elektrischen Feld und vom Magnetfeld herrührende Anteil am fernen Ende genau aufheben. Diese Voraussetzung ist bei Freileitungen sehr gut erfüllt, andererseits war aber natürlich in der Praxis auch bei diesen Leitungen Fernnebensprechen zu beobachten. Auf der Suche nach einer Erklärung für diese Unstimmigkeiten machte man denjenigen Anteil des Nahnebensprechens dafür verantwortlich, der durch Reflexionen an Anpassungsfehlern an das ferne Ende der gestörten Leitung gelangt. So stehen z.B. Vos und AURELL [16] noch im Jahre 1936 auf diesem Standpunkt, und auch heute noch wird zum Teil die Bedeutung dieses reflektierten Nahnebensprechens überschätzt. Tatsächlich kann man es mit einiger Sorgfalt bei der Anpassung verhältnismäßig leicht so weit herabsetzen, daß es bedeutungslos wird.

Es hat lange gedauert, bis man den wirklichen Entstehungsmechanismus des Fernnebensprechens erkannte. Das lag daran, daß man sich zunächst scheute, die Differentialgleichungen der Spannungsverteilung bei mehr als zwei Leitungen zu integrieren und daß man sich außerdem meist mit Ableitungen an „anschaulichen" Ersatzbildern begnügte. Auf diese Weise kam man immer wieder zu dem Trugschluß, daß das Fernnebensprechen bei richtigem Abschluß mit den Wellenwiderständen und bei Vernachlässigung der inneren Induktivitäten verschwinden müsse. Dicht an der Lösung des Problems war DOEBKE [5] im Jahre 1931. Er ging von den Differentialgleichungen aus, doch beschränkte auch er sich schließlich wieder auf nur zwei Leitungen und konnte damit den entscheidenden Einfluß der dritten Leitungen nicht erfassen. Erst 1934 zeigte A. G. CHAPMAN [9] in einer eingehenden Darstellung, daß bei Freileitungen das Fernnebensprechen durch doppeltes Nahnebensprechen über dritte Leitungen entsteht (Abb. 6), und kurz zuvor hatte

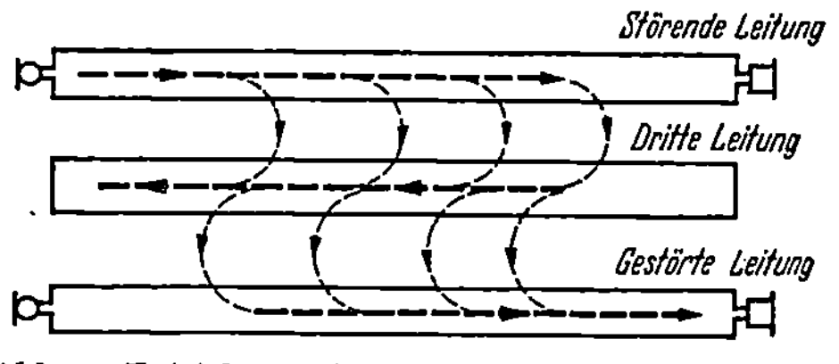

Abb. 6. Entstehung des Fernnebensprechens durch doppeltes Nahnebensprechen über eine dritte Leitung.

H. KADEN [8] in einer Patentschrift, die sich mit dem Fernnebensprechen gekreuzter Freileitungen befaßt, ebenfalls diesen Mechanismus vorausgesetzt. Man glaubte aber damals, als dritte Leitungen kämen vor allem die Viererphantome in Frage, während man die unsymmetrischen Systeme vernachlässigen könne. Später zeigte sich jedoch [29, 33, 35], daß gerade diese an der Entstehung des Fernnebensprechens besonders beteiligt sind.

In der erwähnten Patentschrift [8] und später in [17] hatte KADEN auseinandergesetzt, daß bei Freileitungen mit *gleichen* höchsten Kreuzungsindexen das Fernnebensprechen längenproportional ist und daß man es aus diesem Grunde betrieblich nicht mehr beherrschen kann, während es bei *verschiedenen* höchsten Kreuzungsindexen praktisch verschwindet (vgl. § 21 d). Allerdings ist die von KADEN daraus abgeleitete Forderung, man solle *gleiche* höchste Kreuzungsindexe in den Kreuzungsplänen der Leitungen unbedingt vermeiden, in der Praxis meist nicht zu verwirklichen. Aus dieser Schwierigkeit half erst der Vorschlag von

F. RINCK aus dem Jahre 1942, die längenproportionalen Anteile des Fernnebensprechens durch eine zusätzliche Kreuzung in der Mitte der beiden Leitungen zum Verschwinden zu bringen.

Abgesehen von diesem grundlegenden Patent KADENS wurden allerdings die Freileitungen in Deutschland zwischen den beiden Weltkriegen stark vernachlässigt. Im zweiten Weltkrieg erhielten sie dann unvermutet eine außerordentliche Bedeutung, und es trat auch bald die Forderung nach einer trägerfrequenten Mehrfachausnutzung der Gestänge, d. h. nach einer Unterdrückung des Nebensprechens bis 156 kHz auf.

Zunächst stand die Doppeldrehkreuzlinie nach Abb. 1, S. 2, zur Diskussion. Wenn es überhaupt möglich war, sie bei ausreichender Fernnebensprechdämpfung mit zwei 156 kHz-Geräten zu belegen (was zunächst von namhaften Fachleuten an Hand von Meßergebnissen bezweifelt wurde), so konnte man ihre zweckmäßigste Konstruktion damals wegen des Materialmangels und die Zeitdrucks jedenfalls nicht durch den Bau einer großen Zahl von Versuchslinien finden. Es wurde daher zunächst ein Verfahren zur zahlenmäßigen Berechnung des Fernnebensprechens aus dem Gestängebild entwickelt [29]. An einer 7 km langen Versuchslinie Rathenow–Premnitz konnte dann gezeigt werden, daß die so gewonnenen Rechenwerte überraschend gut mit den Messungen übereinstimmten ([29], vgl. auch Abb. 37). Damit war wohl erstmalig gelungen, das Fernnebensprechen eines Leitungsbündels formelmäßig so darzustellen, daß eine einfache zahlenmäßige Berechnung aus den Abmessungen möglich wurde. Es wurden dann eine große Zahl von Betriebslinien nach dieser Bauweise mit den bereits oben erwähnten RINCKschen Zusatzkreuzungen mit bestem Erfolg in Betrieb genommen. Voraussetzung für die Wirksamkeit dieser Zusatzkreuzungen ist jedoch, daß die Linie nicht schon zusätzliche Kreuzungen durch grobe Baufehler enthält. Da das beim Bau leicht vorkommen kann, müssen diese vor dem Anbringen der Zusatzkreuzung aufgesucht [28] und beseitigt werden.

Später wurde das Berechnungsverfahren auch auf gekreuzte Paralleldrahtleitungen ausgedehnt (vgl. § 21). Für den Fall einer Vierfachträgerfrequenzlinie wurde das Verfahren an einer 20 km langen Versuchslinie Frankfurt (Oder)–Ziebingen geprüft und ebenfalls in ausgezeichneter Übereinstimmung mit den Meßwerten gefunden [33]. Da die Erweiterung auch auf größere Leitungszahlen ohne Schwierigkeit möglich ist, ist hiermit die Theorie des systematischen Nebensprechens auf Freileitungen im wesentlichen geklärt.

c) Die Theorie des Nebensprechens verseilter Kabel. Eine ganz andere Entwicklung als die Freileitungstheorie hat die Theorie des Nebensprechens der verseilten Kabel genommen. Hier befaßte sich der grundlegende Aufsatz von K. KÜPFMÜLLER aus dem Jahre 1923 [3] entsprechend den damaligen Bedürfnissen mit den stark pupinisierten Leitungen und mit dem Ausgleich ihres Nahnebensprechens im Spulenfeld durch Zusatzkondensatoren. Bei diesen Leitungen ist die induktive Beeinflussung zu vernachlässigen, es ist also nur noch die kapazitive wirksam. Daher lag es nahe, von den MAXWELLschen Teilkapazitäten zwischen den einzelnen Drähten auszugehen, weil man aus ihnen leicht die kapazitiven Kopplungen zwischen den einzelnen Leitungen erhalten kann. Allerdings bedeutet dieser Weg bei größeren Leitungsbündeln einen Verzicht auf die Berechnung aus den geometrischen Abmessungen, denn es ist praktisch nicht möglich, ein System von vielen linearen Gleichungen ohne Vernachlässigung zahlenmäßig zu lösen[1] [40]. Die Theorie des Nebensprechens auf Kabelleitungen hat sich daher bis vor kurzem im wesentlichen darauf beschränken müssen, den Zusammenhang zwischen den gemessenen Kopplungen und dem Nebensprechen zu behandeln.

Mit der Verringerung der Pupinisierung bei den „leicht" und „sehr leicht" belasteten Leitungen[2] ab 1932 ergaben sich für das Nebensprechen sehr schwierige Probleme. Denn bei diesen Leitungen ist der induktive Anteil des Nebensprechens nicht mehr zu vernachlässigen; die Gegeninduktivität zweier Leitungen ist aber bei diesen Frequenzen, wie G. WUCKEL [11, 12] in umfangreichen meßtechnischen Untersuchungen nachgewiesen hat, infolge der unvollkommenen Stromverdrängung im Bleimantel nicht mehr reell, sondern sie ist komplex und stark frequenzabhängig. Durch diese Erscheinung würde eine zahlenmäßige Theorie des Nebensprechens so verwickelt werden, daß man sich damals auf qualitative Betrachtungen beschränkt hat.

Inzwischen ist man durch die Weiterentwicklung der Trägerfrequenztechnik über diesen unbequemen Frequenzbereich hinausgekommen (1932: L-System bis 6 kHz, 1939: U-System bis 60 kHz, 1950: V 60 bis 252 kHz, 1954: V 120 bis 552 kHz), so daß sich hier weitere Untersuchungen erübrigten. Bei den heute üblichen Höchstfrequenzen hat sich das Problem wieder wesentlich vereinfacht, denn die Stromverdrängung ist jetzt auch im Bleimantel praktisch vollständig, d.h. es sind in den Leitern keine Magnetfelder mehr vorhanden. Da man also die inneren Induktivitäten vernachlässigen kann, hat man bei diesen Trägerfrequenzkabeln die gleichen Verhältnisse wie bei Freileitungen (magnetischer und elektrischer Anteil des Fernnebensprechens kompensieren sich, das Fernnebensprechen kommt also bei richtigem Abschluß nur durch doppeltes Nahnebensprechen über dritte Leitungen zustande). Aus diesem Grunde ist bei den modernen verseilten Trägerfrequenzkabeln eine Berechnung

---

[1] Formal läßt sich die Lösung bekanntlich mit Hilfe der CRAMERschen Regel als Quotient zweier Determinanten hinschreiben, aber die tatsächliche Ausrechnung dieser Determinanten ist nur für Systeme von wenigen Gleichungen möglich.

[2] Bei den sog. L- und S-Leitungen mit höchsten Übertragungsfrequenzen von 6 kHz bz. 16 kHz.

des Nebensprechens aus den geometrischen Abmessungen grundsätzlich genau so möglich wie bei Freileitungen.

Bei der Durchführung dieser Nebensprechtheorie für Trägerfrequenzkabel ergeben sich allerdings zwei Schwierigkeiten. Erstens ist durch die Verseilung im Kabel der geometrische Aufbau wesentlich verwickelter als auf einem Freileitungsgestänge. Es zeigt sich jedoch, daß man bei der Berechnung der Gegeninduktivitäten durch geschickte Vernachlässigungen trotzdem zu hinreichend einfachen Formeln kommt (vgl. § 11). Wesentlich ernster ist aber die zweite Schwierigkeit, die darin besteht, daß infolge des engen Aufbaus im Kabel unvermeidliche Bauungenauigkeiten (wie z. B. Drahtverlagerungen und Schlaglängenänderungen) sich stark auf das Nebensprechen auswirken. Es entsteht dadurch zusätzlich ein sog. unsystematischer Anteil des Nebensprechens, der häufig das systematische Nebensprechen, das bei ideal genau gebautem Kabel auftreten würde, sogar übertrifft. Der Berechnung aus den geometrischen Abmessungen ist natürlich nur der systematische Anteil zugänglich[1], weil nur für ihn die Drahtlage an jedem Punkt des Kabels bekannt ist. Über den zufälligen Kopplungsverlauf über die Länge infolge der Bauungenauigkeiten fehlt dagegen zunächst jeder Anhaltspunkt. Es ist daher sehr erwünscht, da man umgekehrt mit Hilfe der Theorie aus den gemessenen Nebensprechwerten Aussagen über den Kopplungsverlauf im Kabel machen kann (vgl. § 22). Dabei geht man so vor, daß man den Kopplungsverlauf in einer Fourierreihe entwickelt, von der man einzelne Koeffizienten aus den Meßwerten errechnen kann. Für das Nahnebensprechen findet sich der Zusammenhang mit den Fourierkoeffizienten bereits in der erwähnten Arbeit [3] von KÜPFMÜLLER aus dem Jahre 1923[2].

Näher untersucht ist bisher insbesondere das Imviererfernnebensprechen (vgl. § 23). Für dieses Nebensprechen ist der Tauscheffekt[3] kennzeichnend, über dessen Entstehung zur Zeit allerdings noch die Meinungen auseinandergehen [31, 37]. Nach Ansicht des Verfassers [35, 41] beruht er im Vierer im wesentlichen darauf, daß das Fernnebensprechen durch doppeltes Nahnebensprechen über dritte Leitungen beim Leitungstausch sein Vorzeichen ändert (vgl. § 22 b, § 23). Er muß daher verschwinden, wenn man diesen Anteil beseitigt; das ist z. B. durch Zusatzkreu-

---

[1] Entsprechende Berechnungen für das Imviererfernnebensprechen bis 500 kHz in einem Trägerfrequenzkabel aus 12 Sternvierern wurden vom Verfasser und seinen Mitarbeitern im Institut für Schwingungsforschung durchgeführt und in befriedigender Übereinstimmung mit den Meßergebnissen gefunden.

[2] Es handelt sich dabei im wesentlichen um die Ableitung unserer Formel (18.3), allerdings unter Anwendung anschaulicher Ersatzbilder.

[3] Man versteht darunter die Erscheinung, daß man bei Vertauschen von störender und gestörter Leitung, d. h. von Sender und Empfänger andere Nebensprechwerte erhält. Dieser Tauscheffekt erschwert den Ausgleich des Nebensprechens nach der Auslegung des Kabels.

zungen möglich, wie es bei Freileitungen nach dem oben erwähnten Vorschlag von F. Rinck üblich ist und wie es für Kabel in einer Patentschrift [22] aus dem Jahre 1941 vorgeschlagen wurde, allerdings ohne daß man sich damals die Wirkungsweise dieser Zusatzkreuzungen erklären konnte.

I. Die Berechnung der Kopplungen aus den geometrischen Abmessungen.

A. Die Kopplungen bei parallelen Drähten.

§ 3. Das Paralleldrahtsystem.

Das Mehrleitersystem, mit dem wir uns zunächst beschäftigen wollen, besteht aus z parallelen Drähten, die sich in einer zylindrischen leitenden Hülle befinden. Ein Kabelstück unterscheidet sich von diesem Paralleldrahtsystem dadurch, daß die Drähte nicht parallel, sondern verdrillt sind. Da aber die Verdrillung mit einer sehr geringen Steigung erfolgt, können wir unser Mehrleitersystem mit ausreichender Genauigkeit als Längenelement eines solchen Kabels auffassen. Die andere praktisch wichtige Ausführungsform, die Freileitungslinie über der ebenen Erde, erhalten wir, indem wir den Durchmesser der Hülle unendlich groß werden lassen.

Legt man zwischen zwei der Drähte eines solchen Paralleldrahtsystems eine Spannung, um sie an das andere Ende der Drähte zu übertragen, dann entstehen auf diesen beiden Drähten Ströme und Ladungen. Diese rufen im gesamten Kabelinnern ein Magnetfeld und ein elektrisches Feld hervor. Die Felder induzieren Spannungen und influenzieren Ladungen auf allen übrigen Drähten und damit auch u. a. auf den Leitungen, die für andere Übertragungen verwendet werden. Durch diese sog. Nebensprechspannungen werden diese fremden Übertragungssysteme gestört. Um den Mechanismus des Zustandekommens des Nebensprechens zu verstehen, werden wir daher im folgenden den Einfluß des elektrischen Feldes und des magnetischen Feldes im einzelnen betrachten.

Das elektrische Feld ist bei den hier verwendeten Frequenzen gleich dem elektrostatischen Feld; es dringt in die Leiter, insbesondere in die Hülle nicht ein, sondern wird von ihnen ideal gespiegelt. Abb. 7 zeigt ein solches Bild elektrischer Feldlinien für $z = 2$ Drähte (Feldlinien gestrichelt).

Das magnetische Feld dagegen wird bei Erregung durch Gleichstrom und bei sehr tiefen Frequenzen durch die leitende Hülle, also z.B. durch den Bleimantel überhaupt nicht beeinflußt[1] (Abb. 8), es hat demnach eine andere äußere Begrenzung als das elektrische Feld. Bei höheren Frequenzen entstehen im Bleimantel Wirbelströme, die sich mit wachsender Frequenz immer mehr auf den inneren Umfang des Mantels zusammenziehen, so daß der übrige Teil des Mantels nahezu feldfrei wird. Im Grenzfall der vollständigen Stromverdrängung kann man das Magnetfeld im Inneren der Leiter, das durch die sog. „innere Induktivität" erfaßt wird, vernachlässigen; der Bleimantel spiegelt dann das Magnetfeld ebenso ideal wie das elektrische Feld. Beide Felder haben also bei ausreichend hohen Frequenzen die gleiche äußere Begrenzung; sie stehen an jedem Punkt aufeinander senkrecht, d.h. es decken sich z.B.

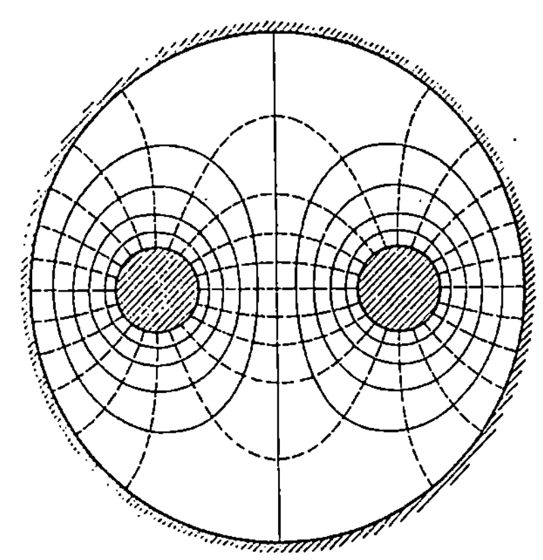

Abb. 7. Feldbild eines einpaarigen Kabels (elektrisches Feld für beliebige Frequenzen, Magnetfeld für hohe Frequenzen).

die magnetischen Feldlinien mit den elektrischen Äquipotentiallinien. Abb. 7 stellt also gleichzeitig das magnetische Feldbild dar (magnetische Feldlinien ausgezogen), allerdings nur für sehr hohe Frequenzen.

Wir wollen solche Leiterbündel, bei denen man die inneren Induktivitäten, insbesondere die der Hülle, vernachlässigen kann, kurz als *ideale* Systeme bezeichnen. Der ohmsche Widerstand und damit die Leitungsdämpfung ist bei ihnen allerdings nicht vernachlässigt. Die erwähnten verseilten Trägerfrequenzkabel kann man oberhalb etwa 30 bis 60 kHz als ideal ansehen; Freileitungen sind im ganzen Frequenzbereich ideal, denn bei ihnen sind die inneren Induktivitäten wegen der großen Drahtabstände untereinander und

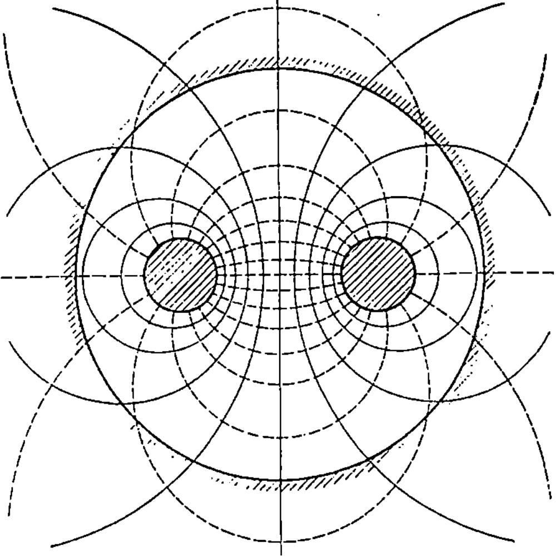

Abb. 8. Magnetfeld eines einpaarigen Kabels bei tiefen Frequenzen.

---

[1] Wir setzen dabei voraus, daß die Hülle keine ferromagnetischen Werkstoffe enthält.

von der Erde (also wegen der großen äußeren Induktivitäten) zu vernachlässigen[1].

a) Die elektrischen Drahtinduktivitäten. Wir betrachten zunächst das elektrische Feld.

Für einen einzelnen geraden Draht mit der Ladung q je Längeneinheit erhält man in der Entfernung r von der Drahtachse das elektrische Potential[2]

$$\varphi = \frac{-q}{2\pi\varepsilon}\ln r + \varphi_0. \tag{1}$$

$\varepsilon = \varepsilon_0(\varepsilon/\varepsilon_0)$ ist die absolute Dielektrizitätskonstante des Dielektrikums, $\varepsilon_0 = \dfrac{1}{36\pi}10^{-11}\,F\,\mathrm{cm}^{-1}$ die absolute Dielektrizitätskonstante des leeren Raumes, $(\varepsilon/\varepsilon_0)$ die relative Dielektrizitätskonstante [für leeren Raum und Luft ist $(\varepsilon/\varepsilon_0) = 1$]. φ_0 ist eine Integrationskonstante, die noch festgelegt werden muß.

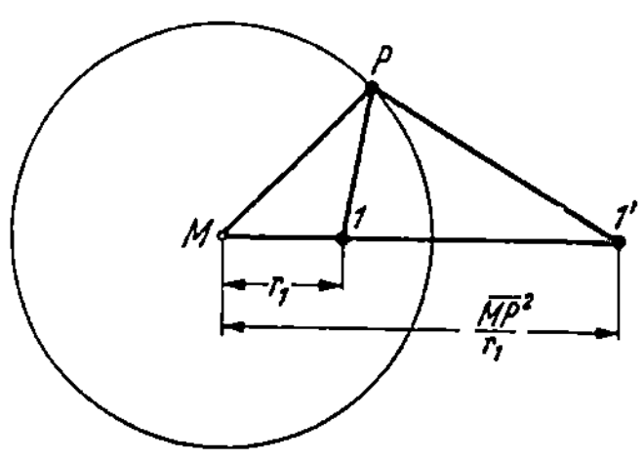

Abb. 9. Kreis des Apollonius.

Zwei dünne Drähte mit entgegengesetzten Ladungen q je Längeneinheit, die an den Stellen 1 und 1' liegen (Abb. 9), ergeben demnach im Punkt P ein Potential, das aus der Überlagerung (Summation) der Potentiale beider Drähte entsteht:

$$\varphi_P = \frac{-q}{2\pi\varepsilon}\ln\overline{1P} + \frac{+q}{2\pi\varepsilon}\ln\overline{1'P} + \varphi_0 = \frac{q}{2\pi\varepsilon}\ln\frac{\overline{1'P}}{\overline{1P}} + \varphi_0. \tag{2}$$

Wir betrachten zunächst das Feldbild dieser beiden entgegengesetzt geladenen Drähte. In jedem Querschnitt sind die Kurven gleichen Potentials, die sog. Äquipotentiallinien, durch die Bedingung $\varphi_P = $ const gegeben. Nach Gl. (2) ist daher auf ihnen $\dfrac{\overline{1'P}}{\overline{1P}} = $ const. Der geometrische Ort für alle Punkte P, für die das Verhältnis der Abstände $\overline{1'P}$ und $\overline{1P}$ von zwei festen Punkten 1' und 1 konstant ist, ist ein Kreis[3] (Kreis des Apollo-

---

[1] In der Erde ist allerdings die Stromverdrängung wegen der schlechten Bodenleitfähigkeit auch bei hohen Frequenzen nicht vollständig. Eine zahlenmäßige Durchrechnung zeigt jedoch, daß der Einfluß der Erde auf das Endergebnis wegen des großen Abstandes überhaupt verhältnismäßig gering ist [33].

[2] Vgl. z.B. K. Küpfmüller, Einführung in die theoretische Elektrotechnik, Berlin/Göttingen/Heidelberg: Springer 1941, Formel (238).

[3] Man kann das folgendermaßen einsehen: Machen wir in Abb. 9 die Strecke $\overline{M1'} = \overline{MP}^2/\overline{M1} = \overline{MP}^2/r_1$, dann sind die Dreiecke $PM1'$ und $1MP$ für jede Lage von P ähnlich. Denn sie haben einmal bei M einen gemeinsamen Winkel und außerdem ist das Verhältnis zweier Seiten immer dasselbe: $\overline{M1}/\overline{MP} = \overline{MP}/\overline{M1'}$. Es ist daher auch $\overline{MP}/\overline{M1} = \overline{1'P}/\overline{1P}$, und dieser Wert ist auf einer Äquipotential-

nius). Die Äquipotentiallinien sind demnach Kreise und man erhält so das bekannte[1] Feldlinienbild zweier paralleler Linienquellen mit entgegengesetzt gleicher Ladung.

Da das Potential immer nur bis auf eine additive Konstante φ_0 bestimmt ist, können wir diese so wählen, daß einer von diesen Kreisen das Potential 0 erhält. An dem Feldbild im Innern dieses Kreises ändert sich offenbar nichts, wenn wir in diese Äquipotentialfläche den zylindrischen Bleimantel legen. Umgekehrt kann man, wenn man das elektrische Feld im Innern eines zylindrischen Mantels vom Radius r_m konstruieren will, das von einem geladenen Draht an der Stelle 1 in der Entfernung $r_1 < r_m$ von der Kabelachse hervorgerufen wird, folgendermaßen vorgehen: Man läßt den Mantel weg und bringt statt dessen in der Entfernung r_m^2/r_1 von der Kabelachse auf dem Radius durch 1 einen zweiten Draht 1′ an, der die entgegengesetzte Ladung wie der Draht 1 trägt (Spiegelung am Kabelmantel mittels reziproker Radien). Wenn P auf dem Mantel liegt, soll $\varphi_p = 0$ sein. Es ist also die Integrationskonstante φ_0 nach Gl. (2), wenn ein beliebiger Punkt auf der Innenfläche des Mantels mit 0 bezeichnet wird:

$$\varphi_0 = -\frac{q}{2\,\pi\,\varepsilon}\ln\frac{\overline{1'0}}{\overline{1\,0}} = -\frac{q}{2\,\pi\,\varepsilon}\ln\frac{r_m^2/r_1 - r_m}{r_m - r_1} = -\frac{q}{2\,\pi\,\varepsilon}\ln\frac{r_m}{r_1}. \qquad (2\,\text{a})$$

Damit wird aus Gl. (2) das von der Ladung q_1 an der Stelle 1 herrührende Potential eines beliebigen Punktes P im Kabel gegenüber dem Mantel:

$$2\,\pi\varepsilon\,\varphi_P = q_1\ln\frac{\overline{1'P}\,r_1}{\overline{1P}\,r_m}. \qquad (2\,\text{b})$$

In dieser Gleichung (2 b), bei der sich die parallelen Drähte in einem leitenden Zylinder vom Radius r_m befinden, steckt auch der Sonderfall der parallelen Drähte über einer leitenden Ebene, wie er angenähert bei den Freileitungen verwirklicht ist. Es ergibt sich für $r_m \to \infty$ als Grenzwert von $r_1/r_m = \overline{1\,0}/\overline{1'0}$ der Wert 1. Es vereinfacht sich also Gl. (2 b) entsprechend und außerdem liegt das Spiegelbild 1′ dann wie bei einem ebenen optischen Spiegel symmetrisch zum Gegenstand 1.

Sind mehrere parallele Drähte in dem System an den Stellen 1, 2 ... z mit den Drahtladungen je Längeneinheit q_1, q_2, ... q_z vorhanden, dann erhält man das Potential im Punkte P als Summe der Potentiale der einzelnen Drähte.

---

linie ($\varphi_p = $ const) konstant nach Gl. (2). Halten wir also für alle Lagen von P den Punkt M fest, dann folgt daraus, daß $\overline{MP}$ konstant ist, d.h. daß P sich auf einem Kreis bewegt.

[1] Vgl. z.B. K. Küpfmüller, s. Fußnote 2, S. 14, Abb. 74.

Wählt man insbesondere den Punkt P auf der Oberfläche[1] des Drahtes k, dann ergibt sich das Potential dieses Drahtes:

$$2\,\pi\varepsilon\varphi_k = q_1 \ln\frac{\overline{1'k}}{\overline{1\,k}}\frac{r_1}{r_m} + q_2 \ln\frac{\overline{2'k}}{\overline{2\,k}}\frac{r_2}{r_m} + \cdots + q_k \ln\frac{\overline{k'k}}{\overline{k\,k}}\frac{r_k}{r_m} + \cdots. \tag{3}$$

Dabei bedeutet $\overline{kk}$ den Drahtradius.

Wir erhalten also ein System von z Gleichungen, von dem hier nur die k-te aufgeschrieben ist. Wir führen zur Abkürzung ein:

$$K_{ik} = \frac{1}{2\,\pi\varepsilon}\ln\frac{\overline{i'k}}{\overline{i\,k}}\frac{r_i}{r_m}. \tag{4}$$

Die K_{ik} heißen die *Potentialkoeffizienten* oder die *elektrischen Induktivitäten* der einzelnen Drähte. Diese *elektrischen* Induktivitäten sind etwas ganz anderes als die *magnetischen* Induktivitäten, mit denen man gewöhnlich in der Elektrotechnik zu tun hat und die auch wir weiter unten einführen werden. Denn sie hängen sehr eng mit den Kapazitäten zusammen, ihre Dimension F^{-1} cm ist einer Kapazität je Längeneinheit reziprok. Wie wir sehen werden, ist es jedoch in unserem Fall wesentlich zweckmäßiger, mit den elektrischen Induktivitäten statt mit den Kapazitäten zu rechnen, und zwar deshalb, weil sie bei den hier gemachten Voraussetzungen der idealen Leitungen proportional zu den magnetischen Induktivitäten sind [vgl. weiter unten Gl. (11)]. Auf die große Bedeutung der elektrischen Induktivitäten für die Theorie der Mehrleitersysteme hat K. W. WAGNER seit 1914 mehrfach eindringlich hingewiesen.

Wir erhalten damit für Gl. (3) in Matrizenschreibweise:

$$\begin{pmatrix}\varphi_1\\\varphi_2\\\vdots\\\varphi_z\end{pmatrix} = \begin{pmatrix}K_{11} & K_{21} & \dots & K_{z1}\\ K_{12} & K_{22} & \dots & K_{z2}\\ \vdots & \vdots & & \vdots\\ K_{1z} & K_{2z} & \dots & K_{zz}\end{pmatrix}\begin{pmatrix}q_1\\q_2\\\vdots\\q_z\end{pmatrix} \tag{5 a}$$

oder abgekürzt

$$\varphi = K_D\,q_D. \tag{5 b}$$

K_D ist also die Matrix der elektrischen Drahtinduktivitäten.

Es ist

$$K_{ik} = K_{ki}, \tag{6}$$

d.h. die Matrix K_D ist symmetrisch.

---

[1] Sind mehrere geladene Drähte vorhanden, dann sind die Äquipotentiallinien keine Kreise mehr. Wir setzen daher jetzt voraus, daß die Drahtradien klein gegenüber den Abständen sind, denn dann fallen die kreiszylindrischen Drahtoberflächen angenähert mit Äquipotentialflächen zusammen.

Der Beweis hierfür folgt aus Abb. 10. Hier sind die beiden Drähte i und k mit ihren Spiegelbildern i' und k' eingetragen. Die beiden Dreiecke $M k i'$ und $M i k'$ sind ähnlich, denn sie stimmen in einem Winkel und dem Verhältnis der beiden anliegenden Seiten überein. Folglich ist auch $\overline{i'k}/\overline{k'i} = r_k/r_i$. Da $\overline{ik} = \overline{ki}$ ist, folgt aus der Definition (4) die Symmetriebedingung (6).

b) Die magnetischen Drahtinduktivitäten.
Wir betrachten nun den Fall, daß in den z Drähten die Ströme i_1, $i_2 \ldots i_z$ fließen, die durch den Mantel wieder zurückfließen. Diese Ströme erzeugen im Innern des Kabels ein Magnetfeld. Da wir ein ideales System, also genügend hohe Frequenzen voraussetzen, dringt das Magnetfeld nicht in die Leiter ein. Wir betrachten zunächst wieder das Magnetfeld eines einzelnen Drahtes im Innern der Hülle, um dann das Gesamtfeld durch Überlagerung der Felder aller z Drähte zu finden.

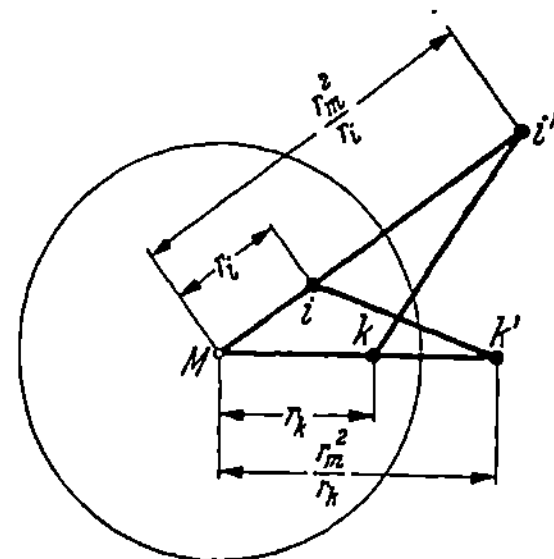

Abb. 10. Zur Ableitung der Symmetriebedingung der Potentialkoeffizienten.

Fließt in einem geraden Draht der Strom i_1, dann ist im Punkt P in der Entfernung $\overline{1P}$ von seiner Achse 1 die magnetische Induktion[1]

$$B = \frac{\mu_0}{2\pi} \cdot \frac{i_1}{\overline{1P}} \,. \qquad (7)$$

$\mu_0 = 4\pi \cdot 10^{-9}$ H cm^{-1} ist die absolute Permeabilität von Luft und nichtferromagnetischen Werkstoffen.

Der Magnetfluß je Längeneinheit, der von einem Strom i_1 erzeugt wird und der durch eine Schleife aus zwei Drähten mit den Abständen $\overline{1P_1}$ und $\overline{1P_2}$ vom Draht 1 hindurchtritt, sei $\Phi_{P_1 P_2}$. Der Fluß je Längeneinheit ist dann

$$\Phi_{P_1 P_2} = \int\limits_{\overline{1P_1}}^{\overline{1P_2}} B \, dr = \frac{\mu_0}{2\pi} i_1 \int\limits_{\overline{1P_1}}^{\overline{1P_2}} \frac{dr}{r} = \frac{\mu_0}{2\pi} i_1 \ln \frac{\overline{1P_2}}{\overline{1P_1}} \,. \qquad (8)$$

Den Einfluß des Bleimantels auf das Magnetfeld können wir wie beim elektrischen Feld durch einen entgegengesetzten Strom $(-i_1)$ an der Stelle 1' berücksichtigen, die wie dort auf dem Radius durch den Draht 1 in der Entfernung r_m^2/r_1 von der Kabelachse liegt.

Wenn wir den Punkt P_2 auf den Mantel legen, erhalten wir demnach den Fluß zwischen dem Punkt P und dem Mantel 0, der von beiden Strömen i_1 und $(-i_1)$ herrührt.

---

[1] Vgl. z. B. K. KÜPFMÜLLER: Formeln (608), (606) und (756). Zit. S. 14.

2 Klein, Nebensprechen.

$$\Phi_{\overline{P0}} = \frac{\mu_0}{2\pi}\, i_1 \int\limits_{\overline{1P}}^{\overline{10}} \frac{dr}{r} - \frac{\mu_0}{2\pi}\, i_1 \int\limits_{\overline{1'P}}^{\overline{1'0}} \frac{dr}{r} = \frac{\mu_0}{2\pi}\, i_1 \ln \frac{\overline{10}\cdot\overline{1'P}}{\overline{1P}\cdot\overline{1'0}}$$

und wegen Gl. (2 a)

$$\frac{\overline{10}}{\overline{1'0}} = \frac{r_1}{r_m}$$

wird unter Berücksichtigung von Gl. (4):

$$\Phi_{\overline{P0}} = \frac{\mu_0}{2\pi}\, i_1 \ln \frac{\overline{1'P}\, r_1}{\overline{1P}\, r_m} = \frac{\mu_0}{2\pi}\, i_1\, 2\pi\varepsilon\, K_{1P}\,. \tag{9}$$

Durch Vergleich von Gl. (9) und (2 b) stellt man fest, daß die Abhängigkeit des Magnetflusses zwischen dem Punkt P und dem Mantel von den geometrischen Abmessungen genau die gleiche ist wie die der elektrischen Potentialdifferenz zwischen diesen beiden Punkten. Daraus folgt, daß in einem Querschnitt des Kabels *die Feldlinien des Magnetflusses und die Äquipotentiallinien des elektrischen Feldes zusammenfallen*, daß also insbesondere die innere (kreisförmige) Randlinie des Kabelmantelquerschnittes sowohl eine Feldlinie des Magnetfeldes als auch eine Äquipotentiallinie des elektrischen Feldes (Potential Null) ist. Diese Tatsache hat sich, wie hier nochmals betont sei, unter der Voraussetzung idealer Leitungen, d.h. vollständiger Stromverdrängung ergeben.

Sind statt des einen Drahtes im Innern des Mantels z Drähte vorhanden, dann sind die Magnetflüsse aller dieser Drähte zu überlagern. Legt man den Punkt P nacheinander auf die Oberfläche der Drähte 1, 2 ... z, dann erhält man die Magnetflüsse zwischen dem jeweiligen Draht und dem Mantel in Matrizenschreibweise mit den Abkürzungen:

$$\Phi_D = \begin{pmatrix} \Phi_1 \\ \Phi_2 \\ \vdots \\ \Phi_z \end{pmatrix} \qquad i_D = \begin{pmatrix} i_1 \\ i_2 \\ \vdots \\ i_z \end{pmatrix} \tag{10 a}$$

$$\Phi_D = \mu_0\varepsilon\, K_D\, i_D = L_D\, i_D\,. \tag{10 b}$$

Dabei heißt L_D die Matrix der *magnetischen Induktivitäten der einzelnen Drähte*. Ihre Elemente sind proportional den *elektrischen* Induktivitäten:

$$L_{ik} = \mu_0\varepsilon\, K_{ik} = \frac{1}{v^2}\, K_{ik}\,. \tag{11}$$

$v = 1/\sqrt{\mu_0\varepsilon}$ ist die Wellengeschwindigkeit auf der Leitung. Die Gültigkeit der Beziehung Gl. (11), die auf der Voraussetzung der idealen Leitung beruht, vereinfacht die weiteren Rechnungen ganz außerordentlich. Es genügt daher, wenn wir uns weiterhin auf eine der beiden Matrizen

K_D oder L_D beschränken. Wir wählen die K_D-Matrix, weil aus historischen Gründen bei der Kabelabnahme meßtechnisch die elektrischen Größen vor den magnetischen bevorzugt werden.

§ 4. Die Maxwellschen Teilkapazitätsgleichungen.

Gewöhnlich geht man in der Literatur bei der Behandlung des Mehrleitersystems nicht von dem Potentialkoeffizientensystem Gl. (3.5a) bzw. (3.5b) aus, sondern von dem umgekehrten Gleichungssystem, bei dem die Drahtladungen q_D als Funktion der Drahtpotentiale φ dargestellt sind. Man schreibt diese sog. MAXWELLschen *Teilkapazitätsgleichuugen* in folgender Form:

$$\begin{pmatrix} q_1 \\ q_2 \\ \vdots \\ q_z \end{pmatrix} = \begin{pmatrix} +C_{11} & -C_{12} & \cdots & -C_{1z} \\ -C_{12} & +C_{22} & \cdots & -C_{2z} \\ \vdots & \vdots & \vdots & \vdots \\ -C_{1z} & -C_{2z} & \cdots & +C_{zz} \end{pmatrix} \begin{pmatrix} \varphi_1 \\ \varphi_2 \\ \vdots \\ \varphi_z \end{pmatrix}, \qquad (1\,\text{a})$$

oder abgekürzt geschrieben:

$$q_D = C_D\,\varphi. \qquad (1\,\text{b})$$

Die Elemente der C_D-Matrix ergeben sich zunächst formal durch Auflösung des Gleichungssystems Gl. (3.5) nach den Drahtladungen q_D. Diese Auflösung ist immer möglich, da die Determinante von K_D nicht verschwindet. In Matrizenschreibweise ist:

$$C_D = K_D^{-1}. \qquad (2)$$

Die Elemente von C_D außerhalb der Hauptdiagonale heißen die MAXWELLschen *Teilkapazitäten*.

Das System Gl. (1) gestattet jedoch außer dieser formalen Ableitung als Umkehrung des Systems Gl. (3.5) auch eine anschauliche Deutung an Hand eines Ersatzbildes, wodurch die eigenartige Festlegung der Vorzeichen der Elemente von C_D gerechtfertigt wird. Wir betrachten eine Schaltung mit $(z + 1)$ Knoten, bei der jeder Knoten mit jedem anderen Knoten durch eine Kapazität (Teilkapazität) verbunden ist. Die Teilkapazität zwischen dem Knoten i und dem Knoten k heiße C_{ik}. Abb. 11 zeigt den Fall $z = 3$, den wir durchrechnen wollen. Führt man den drei Knoten die Ladungen q_1, q_2 und q_3 zu sowie dem Knoten E, der Erde, die Gegenladung $-(q_1 + q_2 + q_3)$, so verteilen sich diese Ladungen auf die Kondensatorbelegungen, und

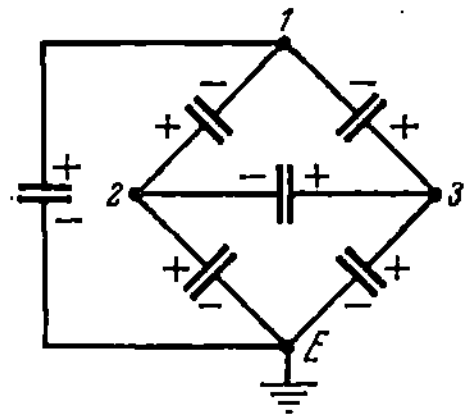

Abb. 11. Kapazitätsschaltung mit drei Knoten und Erde.

2*

die Knoten nehmen die Potentiale φ_1, φ_2 und φ_3 gegenüber E an. Mit der willkürlich[1] angenommenen Polarität der Ladungen von Abb. 11 erhalten wir demnach:

$$\left.\begin{aligned} q_1 &= q_{10} - q_{12} - q_{13}, \\ q_2 &= q_{20} + q_{12} - q_{23}, \\ q_3 &= q_{30} + q_{23} + q_{13}. \end{aligned}\right\} \tag{3}$$

Die vierte Gleichung für den Knoten E würde nichts Neues bringen, sie geht aus den übrigen drei Gleichungen hervor.

Weiterhin berücksichtigen wir, daß die Ladung eines Kondensators gleich seiner Kapazität mal der an ihm liegenden Spannung ist. Damit wird aus Gl.(3):

$$\left.\begin{aligned} q_1 &= C_{10}\,\varphi_1 - C_{12}(\varphi_2 - \varphi_1) - C_{13}(\varphi_3 - \varphi_1), \\ q_2 &= C_{20}\,\varphi_2 + C_{12}(\varphi_2 - \varphi_1) - C_{23}(\varphi_3 - \varphi_2), \\ q_3 &= C_{30}\,\varphi_3 + C_{23}(\varphi_3 - \varphi_2) + C_{13}(\varphi_3 - \varphi_1) \end{aligned}\right\} \tag{4}$$

und durch Zusammenfassung:

$$\left.\begin{aligned} q_1 &= (C_{10} + C_{12} + C_{13})\,\varphi_1 - C_{12}\,\varphi_2 - C_{13}\,\varphi_3, \\ q_2 &= - C_{12}\,\varphi_1 + (C_{20} + C_{21} + C_{23})\,\varphi_2 - C_{23}\,\varphi_3, \\ q_3 &= - C_{13}\,\varphi_1 - C_{23}\,\varphi_2 + (C_{30} + C_{31} + C_{32})\,\varphi_3. \end{aligned}\right\} \tag{5}$$

Wir erhalten also aus dem Ersatzbild der Abb. 11 das gleiche Gleichungssystem wie Gl.(1a), wobei offenbar dieses Ergebnis auch für größere Zahlen von Drähten gilt. Wenn wir also die Elemente der C_D-Matrix mit den Vorzeichen wie in Gl.(1a) versehen, können wir sie uns als (positive) Kapazitäten der Ersatzknotenschaltung Abb. 11 vorstellen. Dabei zeigt ein Vergleich von Gl.(1a) und Gl.(3.5) weiterhin, daß die Elemente der Hauptdiagonale C_{11}, $C_{22} \ldots C_{zz}$ jeweils die Summe aller von den betreffenden Knoten ausgehenden Teilkapazitäten darstellen.

§ 5. Zusammenfassung der Drähte zu Leitungen.

Bisher haben wir die Beeinflussungen der einzelnen *Drähte* des Bündels untereinander betrachtet. Beim Nebensprechen handelt es sich jedoch um eine gegenseitige Beeinflussung von *Leitungen*. Wir müssen daher als nächstes die Drähte in geeigneter Weise zu Leitungen zusammenfassen.

Auf die Frage, was eine Leitung ist, wird man wohl zunächst an zwei parallele Drähte denken. Man erkennt aber leicht, daß diese Form nicht alle Leitungen umfaßt, wenn man bedenkt, daß auch z.B. die Phantom-

---

[1] Dieses Netzwerk ist also hier hinsichtlich der Vorzeichen nach dem gleichen Schema berechnet wie beliebige lineare Wechselstromnetzwerke (vgl. z. B. Handbuch für Hochfrequenz- u. Elektrotechnik, Bd. 1, S. 144 u. 145). Ein etwas anderes Berechnungsverfahren findet sich bei KÜPFMÜLLER, Formeln (289) ff. Zit. S. 14.

leitungen (also Vierer, Achter usw.) zu den Leitungen gehören. Wir müssen daher im folgenden durch genauere Definitionen festlegen, was unter einer Leitung zu verstehen ist.

Wie wir sehen werden, können wir aus dem Mehrleitersystem von z Drähten und der leitenden Hülle (Kabelmantel bzw. Erde), das wir bisher betrachtet haben, genau z Leitungen bilden[1]. Daraus geht hervor, daß jeder Draht im allgemeinen zu mehreren Leitungen gehören muß.

Wir betrachten zunächst die geometrischen Bedingungen, die eine Leitung zu erfüllen hat, weiter unten dann die elektrischen.

Eine Leitung besteht aus zwei oder mehr Leitern, die zu einer Hinleitung und einer Rückleitung zusammengefaßt sind[2]. *Die Leitung ist gleichmäßig, wenn die Leiter überall gleichen Abstand und Querschnitt haben.*

Die Leiter können an sich beliebige Querschnittsform haben, nur muß diese, wenn die Leitung gleichmäßig sein soll, über die ganze Länge dieselbe sein. Wir wollen uns hier jedoch auf praktisch ganz besonders wichtige Querschnittsformen beschränken, nämlich dünne parallele Drähte in einem leitenden Rohr (Kabelmantel) bzw. im Grenzfall über einer ebenen leitenden Fläche (Erde).

Weiter beschränken wir uns auf symmetrische Leitungen und unsymmetrische Leitungen. *Bei einer symmetrischen Leitung besteht die Hinleitung wie die Rückleitung aus einem oder mehreren Drähten, bei einer unsymmetrischen Leitung besteht die Hinleitung ebenfalls aus einem oder mehreren Drähten, die Rückleitung dagegen aus dem Kabelmantel bzw. der Erde*[3]. Symmetrische Leitungen aus nur zwei Drähten heißen *Stammleitungen*, aus mehr als zwei Drähten *Phantomleitungen*. Unsymmetrische Leitungen mit nur einem Draht als Hinleitung nennt man auch *Einfachleitungen*, solche mit mehr als einem Draht auch *unsymmetrische Systeme*.

Wie die elektrischen und magnetischen Vorgänge beim Draht durch das Drahtpotential φ, die Drahtladung q_D, den Drahtstrom i_D und den magnetischen (Draht-) Fluß Φ_D gegeben sind [Gl. (3. 5 b) und (3. 10 b)], so sind sie es bei der Leitung durch die Leitungsspannung u_L, die Leitungsladung q_L, den Leitungsstrom i_L und den magnetischen Leitungsfluß Φ_L.

Wie schon erwähnt, sind aus den z Drähten und der Hülle z von einander unabhängige[4] Leitungen zu bilden. Zur Veranschaulichung

---

[1] z Drähte ohne leitende Hülle ergeben also $z - 1$ Leitungen.

[2] Da Hin- und Rückleitung gleichwertig sind, bringt ihre Vertauschung keine neuen Leitungsarten.

[3] Die dritte mögliche Leitungsart, bei der die Hinleitung aus Drähten und die Rückleitung aus Drähten und der Hülle besteht, wollen wir außer Betracht lassen.

[4] Die Leitungen sind voneinander unabhängig, wenn z. B. die Spannung (bzw. der Strom usw.) irgend einer dieser Leitungen nicht durch die Spannungen (bzw. die Ströme) der anderen Leitungen bestimmt ist.

wollen wir zunächst ein einfaches Zahlenbeispiel mit $z = 2$ Drähten über Erde betrachten (Abb. 12). Die Drahtpotentiale und die Drahtströme mögen die in der Abbildung angegebenen Werte haben. Für sie bestehen die beiden Bedingungen, daß das Potential der Erde gleich Null ist und daß die Summe aller Ströme in einem Querschnitt verschwindet.

Aus diesem Drahtbündel kann man offenbar auf zwei verschiedene Weisen je zwei Leitungen bilden, nämlich als zwei Einfachleitungen oder als eine symmetrische Leitung und ein unsymmetrisches System. Man erkennt aus der Abbildung, wie sich die Leitungsspannungen und Leitungsströme zu den Drahtpotentialen und Drahtströmen addieren

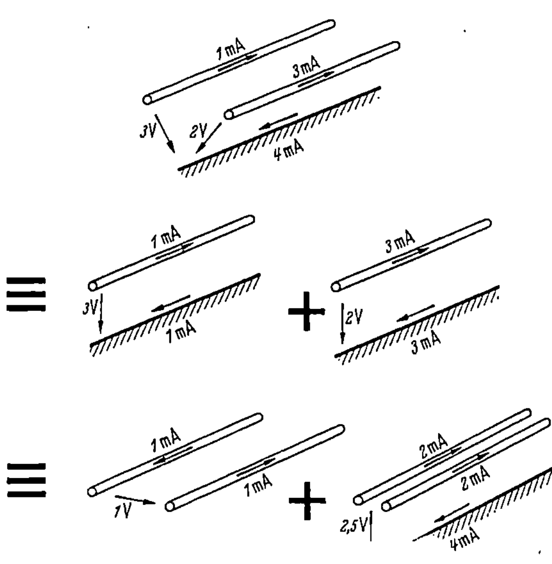

Abb. 12. Bildung von Leitungen aus zwei Drähten über Erde.

und erhält so in diesem einfachen Fall ein anschauliches Bild von der Leitungsbildung aus dem Drahtbündel. Dieses Beispiel zeigt bereits, daß der gleiche Draht mehreren Leitungen angehört.

Im allgemeinen bilden wir die Leitungen nach folgender

R e g e l   z u r   Z u s a m m e n f a s s u n g   d e r   D r ä h t e   z u   L e i t u n g e n.

Aus den z Drähten bildet man zunächst Stammleitungen oder Einfachleitungen (als einfachste symmetrische und unsymmetrische Leitungen). Weiterhin bildet man aus den Drähten einer symmetrischen Leitung die Hinleitung und aus den Drähten einer anderen symmetrischen Leitung die Rückleitung einer neuen symmetrischen Leitung, oder man bildet aus den Drähten einer symmetrischen Leitung und der Hülle eine neue unsymmetrische Leitung. Man setzt das so lange fort, bis man z Leitungen hat.

Wir wollen außerdem die hiernach möglichen Leitungsformen noch weiter einschränken, indem wir festsetzen, daß *bei einer symmetrischen Leitung die Drahtzahlen in Hin- und Rückleitung gleich sein sollen.*

Die nach der vorstehenden Regel gebildeten Leitungen entsprechen folgenden Bedingungen: Entweder haben je zwei symmetrische Leitungen keinen Draht gemeinsam, oder die Leitung mit der kleineren Drahtzahl gehört vollständig zur Hinleitung (oder zur Rückleitung) der anderen Leitung. Eine symmetrische Leitung ist in der Hinleitung einer unsymmetrischen Leitung entweder gar nicht oder vollständig enthalten. Zwei unsymmetrische Leitungen haben keinen Draht gemeinsam. — Die Drahtzahl in der Hin- oder Rückleitung einer symmetrischen Leitung oder in der Hinleitung einer unsymmetrischen Leitung ist stets eine der Zahlen 1, 2, 4, 8, ... (also 2^n mit $n = 0, 1, 2, ...$). Da bei einer symmetrischen Leitung die Drahtzahlen von Hin- und Rückleitung gleich sein sollen, entsprechen die Exponenten 0, 1, 2, ... einer Stammleitung, einer Viererphantomleitung, einer Achterphantomleitung usw. Bei einer unsymmetrischen Leitung entspricht der Exponent 0 einer Einfachleitung, die Exponenten 1, 2, ... unsymmetrischen Systemen.

Unter der Voraussetzung, daß die Leitungen nach den vorstehenden Regeln gebildet sind, können wir die Leitungsspannung und die Leitungsladung allgemein folgendermaßen definieren:

Definition der Leitungsspannung. *Die Leitungsspannung u_L ist die Differenz der mittleren Drahtpotentiale von Hin- und Rückleitung.*

Diese Definition ist ohne weiteres klar für den Fall, daß bei einer symmetrischen Leitung alle Drähte der Hinleitung gleiches Potential haben und ebenso alle Drähte der Rückleitung. Sie gilt unter dieser Voraussetzung auch für unsymmetrische Leitungen, weil bei ihnen das Potential der Rückleitung gleich Null ist. Im allgemeinen sind jedoch die Potentiale der Drähte z. B. der Hinleitung untereinander verschieden, weil die Drähte gleichzeitig zu verschiedenen Leitungssystemen gehören[1], so daß also das gesamte Potential eines Drahtes auf diese Leitungssysteme aufgeteilt werden muß. Diese Aufteilung muß so durchgeführt werden, daß auf jedem Leitungssystem die Anteile der Potentiale aller Drähte der Hinleitung bzw. Rückleitung gleich sind. Man erreicht das dadurch, daß man nach der oben gegebenen Definition die Leitungsspannung aus den arithmetischen Mittelwerten der Drahtpotentiale berechnet.

Definition der Leitungsladung. Ähnliche Überlegungen gelten für die Definition der Leitungsladung. Wesentlich ist hierbei, daß bei jeder Leitung der Leitungsstrom und die Leitungsladung an jeder Stelle der Hin- und Rückleitung entgegengesetzt gleich sind. Haben also 2 Drähte verschiedene Ladungen q_1 und q_2, so ist das ein Zeichen dafür, daß zu der Ladung der Stammleitung, die man aus ihnen bilden kann, nur ein Teil ihrer Drahtladungen gehört, während der übrige Teil zu anderen Leitungs-

---

[1] Zum Beispiel kann der gleiche Draht die Hinleitung einer Stammleitung darstellen und außerdem einer der beiden Drähte der Hinleitung des Viererphantomkreises sein. Nur wenn zufällig die Leitungsspannung der Stammleitung verschwindet, haben die beiden Drähte der Hinleitung des Viererphantomkreises gleiches Potential.

systemen gehört. Offenbar ist die Ladung der Hinleitung der Stammleitung $\frac{1}{2}(q_1 - q_2)$, die der Rückleitung $-\frac{1}{2}(q_1 - q_2)$, die Restladung der Hinleitung daher $q_1 - \frac{1}{2}(q_1 - q_2) = \frac{1}{2}(q_1 + q_2)$ und die der Rückleitung $q_2 + \frac{1}{2}(q_1 - q_2) = \frac{1}{2}(q_1 + q_2)$. Die Restladungen der Hin- und Rückleitung sind also gleichgroß. Auf diese Weise sind die beiden verschiedenen Drahtladungen q_1 und q_2 je in eine Leitungsladung und eine Restladung aufgeteilt worden, wobei die Leitungsladung, wie es sein muß, auf beiden Drähten entgegengesetzt gleich ist, die Restladung aber auf beiden Drähten gleich ist. Besteht die Hinleitung (und entsprechend die Rückleitung) nicht wie hier aus einem Draht, sondern aus mehreren Drähten, dann hat man mit der Summe aller Drahtladungen zu rechnen. Man erhält so folgende Definition der Leitungsladung:

Die Leitungsladung q_L ist bei symmetrischen Leitungen die halbe Differenz der Summe der Drahtladungen der Hinleitung und der Rückleitung, bei unsymmetrischen Leitungen die Summe der Drahtladungen der Hinleitung.

Jedes Drahtpotential φ und jede Drahtladung q_D sowie die Gesamtladung des Kabelmantels $-(q_1 + q_2 + \ldots q_z)$ teilen sich also im allgemeinen auf verschiedene Leitungen auf. Dabei ist, wie gesagt, immer bei dem zu jeder Leitung gehörigen Anteil die Leitungsladung auf der Hinleitung entgegengesetzt gleich der der Rückleitung.

Nehmen wir z. B. aus einem Bündel von sieben Drähten als symmetrische Leitung S die Drähte 1 und 3 als Hinleitung und die Drähte 2 und 6 als Rückleitung, dann ist nach diesen Definitionen:

$$u_{Ls} = \frac{\varphi_1 + \varphi_3}{2} - \frac{\varphi_2 + \varphi_6}{2}, \tag{1a}$$

$$q_{Ls} = \frac{1}{2}(q_1 + q_3 - q_2 - q_6). \tag{1b}$$

Auf der Hinleitung von S sitzt also die Ladung q_{Ls}, auf der Rückleitung $(-q_{Ls})$. Für ein unsymmetrisches System dieser vier Drähte gegen Erde würde sich ergeben, wenn wir das Potential des Mantels gleich Null setzen:

$$u_{Lu} = \frac{\varphi_1 + \varphi_3 + \varphi_2 + \varphi_6}{4}, \tag{2a}$$

$$q_{Lu} = q_1 + q_3 + q_2 + q_6. \tag{2b}$$

Von der Gesamtladung des Mantels $-(q_1 + q_2 + q_3 + q_4 + q_5 + q_6 + q_7)$ gehört also der Anteil $(-q_{Lu}) = -(q_1 + q_3 + q_2 + q_6)$ zu dem betrachteten unsymmetrischen System, der Rest $-(q_4 + q_5 + q_7)$ stellt die Rückleitungsladung von anderen unsymmetrischen Systemen dar.

Die Leitungsspannungen und Leitungsladungen sind daher lineare Funktionen der Drahtpotentiale und Drahtladungen. Man kann die beiden Gleichungssysteme Leitungsspannung u_L als Funktion der Drahtpotentiale φ bzw. Leitungsladungen q_L als Funktion der Drahtladungen

q_D, da sie linear sind, in Matrizenform schreiben. Da die u_L durch die z Werte φ und die q_L durch die z Werte q_D gegeben sind, muß es sich um z Gleichungen handeln, woraus folgt, daß man *aus z Drähten und der Hülle z Leitungen bildet*. Mit den Abkürzungen

$$u_L = \begin{pmatrix} u_{L_1} \\ u_{L_2} \\ \vdots \\ u_{Lz} \end{pmatrix}; \quad q_L = \begin{pmatrix} q_{L_1} \\ q_{L_2} \\ \vdots \\ q_{Lz} \end{pmatrix} \tag{3}$$

erhält man also, wenn M_u und M_q zwei quadratische Matrizen sind, deren Eigenschaften wir noch näher erörtern werden:

$$u_L = M_u \varphi, \quad q_L = M_q q_D. \tag{4a) (4b}$$

Diese beiden Transformationssysteme sollen als umkehrbar vorausgesetzt werden, d.h. es sind die beiden Determinanten $|M_u| \neq 0$ und $|M_q| \neq 0$. Es ist daher

$$\varphi = M_u^{-1} u_L, \quad q_D = M_q^{-1} q_L. \tag{5a) (5b}$$

Durch Einsetzen in Gl. (3.5b) ergibt sich damit

$$M_u^{-1} u_L = K_D M_q^{-1} q_L \quad \text{oder} \quad u_L = M_u K_D M_q^{-1} q_L. \tag{6}$$

Wir erhalten also als Koeffizientenmatrix dieses transformierten Systems die Matrix

$$K_L = M_u K_D M_q^{-1}. \tag{7}$$

K_L heißt Matrix der *elektrischen Induktivitäten der einzelnen Leitungen*, während K_D die Matrix der *elektrischen Induktivitäten der einzelnen Drähte* bezeichnet.

Zum Beispiel kann man nach der oben angegebenen Regel aus sieben Drähten zunächst die drei Stammleitungen 1/3, 2/6, 4/5 und die Einfachleitung 7/0 bilden. Daraus kann man die Viererphantomleitung 13/26 erhalten und schließlich die beiden unsymmetrischen Systeme 1326/0 und 45/0. Die beiden Transformationsmatrizen der Spannungen und der Ladungen haben in diesem Fall folgende Gestalt:

$$M_u = \begin{pmatrix} 1 & 0 & -1 & 0 & 0 & 0 & 0 \\ 0 & 1 & 0 & 0 & 0 & -1 & 0 \\ 0 & 0 & 0 & 1 & -1 & 0 & 0 \\ 0 & 0 & 0 & 0 & 0 & 0 & 1 \\ \tfrac{1}{2} & -\tfrac{1}{2} & \tfrac{1}{2} & 0 & 0 & -\tfrac{1}{2} & 0 \\ \tfrac{1}{4} & \tfrac{1}{4} & \tfrac{1}{4} & 0 & 0 & \tfrac{1}{4} & 0 \\ 0 & 0 & 0 & \tfrac{1}{2} & \tfrac{1}{2} & 0 & 0 \end{pmatrix} \quad M_q = \begin{pmatrix} \tfrac{1}{2} & 0 & -\tfrac{1}{2} & 0 & 0 & 0 & 0 \\ 0 & \tfrac{1}{2} & 0 & 0 & 0 & -\tfrac{1}{2} & 0 \\ 0 & 0 & 0 & \tfrac{1}{2} & -\tfrac{1}{2} & 0 & 0 \\ 0 & 0 & 0 & 0 & 0 & 0 & 1 \\ \tfrac{1}{2} & -\tfrac{1}{2} & \tfrac{1}{2} & 0 & 0 & -\tfrac{1}{2} & 0 \\ 1 & 1 & 1 & 0 & 0 & 1 & 0 \\ 0 & 0 & 0 & 1 & 1 & 0 & 0 \end{pmatrix}$$

Die fünfte und sechste Zeile dieser beiden Matrizen entspricht den Gl. (1a) bis (2b).

Man überzeugt sich, daß in diesem Beispiel die Produkte entsprechender

Zeilen von M_u und M_q den Wert 1 ergeben, die Produkte verschiedener Zeilen dagegen den Wert Null, so daß man in diesem Fall schreiben kann:

$$M_u M_q' = M_u' M_q = M_q M_{\tilde{u}} = M_q' M_u = E \, . \tag{8}$$

Dabei ist M_u' bzw. M_q' die gestürzte Matrix zu M_u bzw. M_q; E ist die Einheitsmatrix.

Man kann aber zeigen, daß diese wichtige Beziehung Gl. (8) ganz allgemein gilt, sofern man die oben angegebene Regel und die anderen Voraussetzungen beachtet.

Besteht nämlich eine symmetrische Leitung aus m Drähten als Hinleitung und m Drähten als Rückleitung, dann enthält die Zeile der M_u-Matrix m mal das Element $1/m$ und ebenso oft das Element $-1/m$, während die entsprechende Zeile der M_q-Matrix m mal das Element $\frac{1}{2}$ und das Element $-\frac{1}{2}$ enthält. Das innere Produkt beider Zeilen wird dann $m \dfrac{1}{2\,m} + m \dfrac{1}{2\,m} = 1$. Bei einem unsymmetrischen System aus m Drähten gegen Erde enthält die M_u-Zeile m mal $1/m$ und die M_q-Zeile m mal 1, so daß auch hier das innere Produkt beider Zeilen gleich 1 wird. Verwendet man also die Definitionen der Leitungsspannung und Leitungsladung in der oben angegebenen Form, dann ist *eine* Forderung der Gl. (8), daß nämlich das innere Produkt *entsprechender* Zeilen von M_u und M_q gleich 1 sein soll, allgemein erfüllt.

Die Gl. (8) enthält jedoch als zweite Bedingung, daß das innere Produkt *verschiedener* Zeilen von M_u und M_q verschwinden soll. Daß auch diese Bedingung erfüllt ist, erkennt man aus den oben angegebenen Eigenschaften der Leitungen wie folgt: Für zwei Leitungen, die keinen Draht gemeinsam haben, ist das innere Produkt der entsprechenden Zeilen der M_u- bzw. M_q-Matrix gleich Null, das gleiche gilt für den Fall, daß eine Leitung vollständig in der Hinleitung bzw. Rückleitung der anderen enthalten ist. Mit diesen Überlegungen läßt sich einsehen, daß die Gl. (8) allgemein gilt[1].

Es ist also aus (6) und (7):

$$u_L = K_L q_L \quad \text{mit} \quad K_L = M_u K_D M_u' \, . \tag{9}$$

In gleicher Weise wie Spannungen und Ladungen transformieren sich die magnetischen Größen, der Fluß Φ und der Strom i, da für den Leitungsstrom i_L sinngemäß die gleiche Definition gilt wie für die Leitungsladung q_L, und für den Leitungsfluß Φ_L entsprechend wie für die Leitungsspannung u_L. Wir erhalten daher aus Gl. (3.10)

$$\Phi_L = L_L i_L \quad \text{mit} \quad L_L = M_u L_D M_u' \, . \tag{9a}$$

Es gibt nach diesem Verfahren der Leitungsbildung bei größeren Drahtzahlen eine große Zahl von zulässigen Leitungsanordnungen. Für die Auswahl der Leitungsanordnung unter den vielen möglichen sind folgende Ge-

---

[1] Ein unmittelbarer Beweis der Gl. (8) aus der Konstanz der Energie bei der Leitungsbildung findet sich im Nachtrag Seite 133.

sichtspunkte maßgebend: Zunächst müssen natürlich unter den Leitungen diejenigen vorhanden sein, die im Betrieb ausgenutzt werden, für die man also das Nebensprechen berechnen will. Das sind in der Regel die Stammleitungen aus *nebeneinanderliegenden* Drähten[1], weiter unter Umständen die Viererphantome und vielleicht noch die Achterphantome. Bei Kabelleitungen ist es zweckmäßig, die Verseilelemente als Einheiten zu betrachten (vgl. §§ 9 b und c), weil dann die Matrizen übersichtlicher werden. Auf jeden Fall müssen aber die Leitungen so gewählt werden, daß ihre gegenseitige *Kopplung hinreichend lose* ist, denn sonst ist die zahlenmäßige Berechnung des Nebensprechens nicht durchführbar, falls es sich um eine größere Zahl von Leitungen handelt. Wir werden auf diesen wichtigen Punkt noch später zurückkommen (vgl. § 7).

Zur Erhöhung der Übersichtlichkeit muß man die Drähte in zweckmäßiger Reihenfolge numerieren. Für sechs und acht Leitungen erhält man u.a. folgende Leitungsanordnungen:

a) $z = 6$: 1/2, 3/4, 5/6, 12/34, 1234/0, 56/0,
b) $z = 6$: 1/2, 3/4, 5/6, 12/0, 34/0, 56/0,
c) $z = 8$: 1/2, 3/4, 5/6, 7/8, 12/56, 34/78, 1256/3478, 12345678/0,
d) $z = 8$: 1/2, 3/4, 5/6, 7/8, 12/34, 56/78, 1234/0, 5678/0,
e) $z = 8$: 1/2, 3/4, 5/6, 7/8, 12/0, 34/0, 56/0, 78/0.

Die Aufteilung c) ist bei der Berechnung der Vierfachträgerfrequenzlinie [*33*] angewendet worden (vgl. auch § 9 a). In viererverseilten Kabeln ist die Aufteilung d) zweckmäßig, weil in ihr einerseits auch die Viererphantome als Leitungen erscheinen und andererseits bei Berücksichtigung eines weiteren Viererseils keine Änderung der übrigen Leitungssysteme erforderlich wird (vgl. auch § 9 b).

Die Aufteilung e), die vier unsymmetrische Systeme enthält, dürfte zur Berechnung des Nebensprechens nicht geeignet sein, weil die Kopplungen zwischen ihnen im allgemeinen verhältnismäßig groß sein werden.

§ 6. Die Betriebskapazitäten und die gegenseitigen Kapazitäten.

Als viertes und letztes Gleichungssystem betrachten wir die Umkehrung des Systems Gl. (5.9):

$$q_L = C_L u_L \quad \text{mit} \quad C_L = K_L^{-1}. \tag{1}$$

Die Elemente dieser C_L-Matrix außerhalb der Hauptdiagonale bezeichnet man als *gegenseitige Kapazitäten*, die der Hauptdiagonale als *Betriebskapazitäten*.

Da die C_D-Matrix, die Matrix der Teilkapazitäten, ein Sonderfall der C_L-Matrix ist (nämlich der Fall, daß alle Leitungen Einfachleitungen sind), schreiben wir die C_L-Matrix in der gleichen Form und mit den gleichen Vorzeichen wie Gl. (4.1 a).

---

[1] Die bisher betrachteten Stammleitungen können grundsätzlich aus zwei Drähten bestehen, die beliebig im Kabelquerschnitt bzw. auf den Gestängen liegen.

$$C_L = \begin{pmatrix} +C_{\mathrm{I}} & -C_{\mathrm{I\,II}} & \cdots & -C_{\mathrm{I}\,u} \\ -C_{\mathrm{I\,II}} & +C_{\mathrm{II}} & \cdots & -C_{\mathrm{II}\,u} \\ \vdots & \vdots & & \vdots \\ -C_{\mathrm{I}\,u} & -C_{\mathrm{II}\,u} & \cdots & +C_u \end{pmatrix} \tag{2}$$

Die vier Matrizen K_D, K_L, C_D und C_L haben je z Zeilen und Spalten. In K_L und C_L ist als letztes Leitungssystem ein unsymmetrisches System (Index u) angenommen.

Als Transformationsformeln für die vier Koeffizientenmatrizen K_D, C_D, K_L, C_L erhält man aus den Gleichungen des § 5:

$$\left.\begin{aligned} K_D &= C_D^{-1} = M_q' K_L M_q = M_q' C_L^{-1} M_q\,, \\ C_D &= K_D^{-1} = M_u' K_L^{-1} M_u = M_u' C_L M_u\,, \\ K_L &= M_u K_D M_u' = M_u C_D^{-1} M_u' = C_L^{-1}\,, \\ C_L &= M_q K_D^{-1} M_q' = M_q C_D M_q' = K_L^{-1}\,. \end{aligned}\right\} \tag{3}$$

Das Gleichungssystem (1) hat insofern große praktische Bedeutung, als es besondere Meßgeräte, die Kopplungsmesser, gibt, mit denen man die Elemente seiner Matrix unmittelbar mißt. Diese Messungen spielen bei der Kabelabnahme eine wichtige Rolle.

Die Messung der Betriebskapazitäten nach dieser Definition hat daher so zu erfolgen, daß die Kapazität der betreffenden Leitungen gemessen wird, während in allen anderen Leitungen die Spannung gleich Null ist; es sind also alle anderen Leitungen während der Messung kurzzuschließen. Aus dem Ersatzbild der Teilkapazitäten, wie z. B. Abb. 11, erhält man daher die Betriebskapazität einer Leitung nicht ohne weiteres als Zusammenschaltung der Teilkapazitäten, vielmehr muß man (meist mit Hilfe von Übertragern) die anderen Leitungssysteme bilden und dann kurzschließen.

§ 7. Näherungsrechnung bei loser Kopplung.

Nach diesen Gleichungen (6.3) ist es also formal in jedem Fall möglich, zwei beliebige Koeffizientenmatrizen ineinander überzuführen. Bei der praktischen Durchführung ergeben sich jedoch dabei in den meisten Fällen unüberwindliche Schwierigkeiten. Die Bildung der reziproken Matrix erfordert ja die Berechnung der Matrixdeterminante sowie der um eine Ordnung niedrigeren Unterdeterminanten. Wenn es sich nicht gerade um den trivialen Fall handelt, daß die Zahl der Drähte des Bündels sehr klein ist (z.B. bis zu vier), so ist eine zahlenmäßige Ausrechnung dieser Determinanten nicht nur außerordentlich mühsam, sondern praktisch überhaupt unmöglich[1]. Das gilt insbesondere für den Zusam-

---

[1] Zum Beispiel müßte man bei der in § 9 behandelten Vierfachträgerfrequenzlinie, d. h. bei acht Drähten über Erde, allein für die Matrixdeterminante insgesamt $8! = 40\,320$ Glieder ausrechnen.

menhang $K_D = C_D^{-1}$ bzw. $C_D = K_D^{-1}$, so daß alle Formeln, die in Gl. (6.3) die reziproke C_D- oder K_D-Matrix enthalten, für die Praxis (abgesehen von den einfachsten Fällen) uninteressant sind.

Für den Zusammenhang zwischen K_L- und C_L-Matrix gilt diese Bemerkung nicht unbedingt, und zwar deshalb, weil in den praktischen Fällen bei diesen Matrizen die Elemente der Hauptdiagonale wesentlich größer als die übrigen Elemente sind, weil also z.B. die gegenseitigen Kapazitäten sehr klein gegenüber den Betriebskapazitäten sind. In diesem Fall kann man nämlich bei der Entwicklung der Determinanten kleine Größen zweiter und höherer Ordnung vernachlässigen und man erhält für den Zusammenhang zwischen den elektrischen Induktivitäten und den gegenseitigen Kapazitäten bzw. Betriebskapazitäten angenähert:

$$K_i = 1/C_i, \quad C_i = 1/K_i, \tag{1a}$$

$$K_{ik} = \frac{C_{ik}}{C_i C_k} + \frac{C_{im} C_{mk}}{C_i C_k C_m} + \frac{C_{in} C_{nk}}{C_i C_k C_n} + \cdots, \tag{1b}$$

$$C_{ik} = \frac{K_{ik}}{K_i K_k} - \frac{K_{im} K_{mk}}{K_i K_k K_m} - \frac{K_{in} K_{nk}}{K_i K_k K_n} - \cdots \tag{1c}$$

$$\text{für} \quad K_{ik} \ll K_i \quad \text{und} \quad C_{ik} \ll C_i.$$

Für den Zusammenhang zwischen den Drahtinduktivitäten und den Teilkapazitäten kann man, wie gesagt, von dieser Näherung keinen Gebrauch machen, weil die Voraussetzung der überwiegenden Hauptdiagonale nicht gegeben ist. Das liegt physikalisch daran, daß die Einfachleitungen immer sehr stark miteinander gekoppelt sind.

§ 8. Formeln für die Gegen- und Selbstinduktivitäten[1].

Sämtliche Gegen- und Selbstinduktivitäten eines Leitungsbündels, also die K_L-Matrix, lassen sich nach dem oben angegebenen Verfahren durch Matrizenmultiplikation gewinnen. Braucht man aber nur einzelne Induktivitäten, so ist es unter Umständen zweckmäßiger, unmittelbare Formeln zu benutzen. Es handelt sich für die Gegeninduktivitäten um folgende drei Fälle:

$K_{s//s}$ d.h. zwei symmetrische Systeme S,

$K_{u//u}$ d.h. zwei unsymmetrische Systeme U,

$K_{s//u}$ d.h. symmetrisches System S auf unsymmetrisches System U.

Für die Selbstinduktivitäten gibt es die beiden Fälle K_s und K_u.

---

[1] In diesem Abschnitt sind die Formeln für die *elektrischen* Gegen- und Selbstinduktivitäten angegeben. Man kann daraus wegen (3.11) aber auch ohne weiteres die *magnetischen* Induktivitäten beweisen. Es ist $2\,\pi\varepsilon K = \dfrac{2\,\pi}{\mu_0} L$.

Der Fall $K_{u//u}$ ist durch Gleichung (3.4) gegeben, sofern die unsymmetrischen Systeme zwei Einfachleitungen sind. Bezeichnet man den positiven Leiter (die Hinleitung) der Leitung 1 mit p_1, den negativen Leiter[1] (die Rückleitung) mit n_1, ebenso Hinleitung und Rückleitung der Leitung 2 mit p_2 bzw. n_2, und deutet man die Spiegelbilder mit einem Strich an, dann kann man Gl. (3.4) schreiben[2]:

$$2\,\pi\,\varepsilon\,K_{u//u} = \ln \frac{\overline{p_1'\,p_2}\cdot r_{p_1}}{\overline{p_1\,p_2}\cdot r_m} = \ln \frac{\overline{p_2'\,p_1}\cdot r_{p_2}}{\overline{p_2\,p_1}\cdot r_m}. \tag{1}$$

Für die Selbstinduktivität einer Einfachleitung hat man die beiden Leiter p_1 und p_2 zusammenfallen zu lassen. Dabei ist der Abstand $\overline{p_1 p_1}$ gleich dem Drahtradius ϱ:

$$2\,\pi\,\varepsilon\,K_u = \ln \frac{\overline{p_1'\,p_1}\cdot r_{p_1}}{\overline{p_1\,p_1}\cdot r_m}. \tag{2}$$

Beide Formeln gelten zunächst, wie gesagt, für den Fall der Einfachleitungen. Wenn aber nur die Leitung 2 eine Einfachleitung ist, während die Hinleitung p_1 der Leitung 1 aus mehreren Drähten besteht, dann erhält man für $K_{u//u}$ den *arithmetischen* Mittelwert aller Werte der einzelnen Drähte, wie man nach Durchführung der Matrizenmultiplikation leicht erkennt. Man kann daher auch für diesen Fall die gleiche Gl. (1) verwenden, wenn man nur für die Abstände $\overline{p_1 p_2}$, $\overline{p_1' p_2}$ und r_{p1} die *geometrischen* Mittelwerte[3] der Abstände von p_2 bzw. vom Kabelmittelpunkt M zu den einzelnen Drähten von p_1 einsetzt. Entsprechendes gilt, wenn auch noch p_2 mehrere Drähte enthält. Besteht also z.B. p_1 aus den Drähten 1 und 2 und p_2 aus den Drähten 3, 4, 5, 6, dann ist zu setzen $\overline{p_1 p_2}$ $= \sqrt[8]{13\cdot 14\cdot 15\cdot 16\cdot 23\cdot 24\cdot 25\cdot 26}$ und $r_{p1} = \sqrt{\overline{M1}\cdot \overline{M2}}$.

Nach dem gleichen Verfahren erhält man die Selbstinduktion K_u nach Gl. (2).

Die Gegeninduktivität einer symmetrischen Leitung S auf eine unsymmetrische U ist wegen des Überlagerungsprinzips gleich der Differenz der Gegeninduktivitäten der Hinleitung p_1 gegen U und der Rückleitung n_1 gegen U:

$$2\,\pi\,\varepsilon\,K_{s//u} = \ln \frac{\overline{p_1'\,p_2}\cdot\overline{n_1\,p_2}\cdot r_{p_1}}{\overline{p_1\,p_2}\cdot\overline{n_1'\,p_2}\cdot r_{n_1}} = \ln \frac{\overline{p_2\,n_1}\cdot\overline{p_2'\,p_1}}{\overline{p_2'\,n_1}\cdot\overline{p_2\,p_1}} \tag{3}$$

---

[1] In diesem Fall zweier unsymmetrischer Leitungen kommen natürlich n_1 und n_2 nicht vor, da als Rückleitung die Erde bzw. der Kabelmantel dient.

[2] Aus Abb. 10 hatte sich ergeben: $\overline{i'k}\cdot r_i = \overline{k'i}\cdot r_k$. Es ist also z.B.: $\overline{p_1'\,p_2}\cdot r_{p_1} = \overline{p_2'\,p_1}\cdot r_{p_2}$.

[3] Weil die Abstände unter den Logarithmen stehen.

und entsprechend ergibt sich die Gegeninduktivität zweier symmetrischer Leitungen $\overline{p_1 n_1}$ bzw. $\overline{p_2 n_2}$ als Differenz zweier Werte nach Gl. (3):

$$2\pi\varepsilon\, K_{s//s} = \ln\frac{\overline{p_1' p_2}\cdot\overline{n_1 p_2}\cdot\overline{p_1 n_2}\cdot\overline{n_1' n_2}}{\overline{p_1 p_2}\cdot\overline{n_1' p_2}\cdot\overline{p_1' n_2}\cdot\overline{n_1 n_2}} = \ln\frac{\overline{p_2' p_1}\cdot\overline{n_2 p_1}\cdot\overline{p_2 n_1}\cdot\overline{n_2' n_1}}{\overline{p_2 p_1}\cdot\overline{n_2' p_1}\cdot\overline{p_2' n_1}\cdot\overline{n_2 n_1}} . \tag{4}$$

Die Selbstinduktivität einer symmetrischen Leitung folgt daraus für $p_2 = p_1$ und $n_2 = n_1$:

$$2\pi\varepsilon\, K_s = \ln\frac{\overline{n_1 p_1}^2\,\overline{p_1' p_1}\cdot\overline{n_1' n_1}}{\overline{p_1 p_1}\cdot\overline{n_1 n_1}\cdot\overline{p_1' n_1}\cdot\overline{n_1' p_1}} . \tag{5}$$

In allen diesen Gleichungen sind, wie erwähnt, die geometrischen Mittel der Abstände einzusetzen, wenn die einzelnen Leiter aus mehreren Drähten bestehen.

§ 9. Anwendungen.

a) Die Kopplungen der Vierfachträgerfrequenzlinie. Um die Anwendung der Formeln zu zeigen, betrachten wir zunächst ein Freileitungsgestänge mit vier Stammleitungen (acht Drähten) über Erde, dessen Abmessungen in Abb. 13 gegeben sind. Die mittlere Höhe über Erde beträgt etwa 5 m, der Drähtedurchmesser ist 3 mm. Die acht Drähte $a, b \ldots h$ sollen wie folgt zu Leitungen zusammengefaßt werden: a/b, c/d, e/f, g/h, ab/ef, cd/gh, $abef/cdgh$, $abcdefgh/0$.

Die Transformationsmatrix M_u ist demnach:

$$M_u = \begin{pmatrix}
1 & -1 & 0 & 0 & 0 & 0 & 0 & 0 \\
0 & 0 & 1 & -1 & 0 & 0 & 0 & 0 \\
0 & 0 & 0 & 0 & 1 & -1 & 0 & 0 \\
0 & 0 & 0 & 0 & 0 & 0 & 1 & -1 \\
\tfrac{1}{2} & \tfrac{1}{2} & 0 & 0 & -\tfrac{1}{2} & -\tfrac{1}{2} & 0 & 0 \\
0 & 0 & \tfrac{1}{2} & \tfrac{1}{2} & 0 & 0 & -\tfrac{1}{2} & -\tfrac{1}{2} \\
\tfrac{1}{4} & \tfrac{1}{4} & -\tfrac{1}{4} & -\tfrac{1}{4} & \tfrac{1}{4} & \tfrac{1}{4} & -\tfrac{1}{4} & -\tfrac{1}{4} \\
\tfrac{1}{8} & \tfrac{1}{8} & \tfrac{1}{8} & \tfrac{1}{8} & \tfrac{1}{8} & \tfrac{1}{8} & \tfrac{1}{8} & \tfrac{1}{8}
\end{pmatrix}$$

Da die Erde eben ist, ist der Mantelradius r_m in Gl. (3.4) unendlich groß zu nehmen, so daß $r_i/r_m = 1$ wird. Daher ergeben sich die Drahtinduktivitäten aus $2\pi\varepsilon\, K_{ik} = \ln\dfrac{\overline{i'k}}{\overline{ik}}$. Für $2\pi\varepsilon\, K_D/\ln 10$ erhält man[1] aus den Abmessungen der Abb. 13 die umseitige Matrix.

Die gleichen Werte hätte man auch unmittelbar aus den Gl. (8.1 bis (8.5) erhalten.

---

[1] Der Faktor ln 10 ist nur wegen der bequemeren Zahlenrechnung hinzugefügt, um die gewöhnlichen Logarithmentafeln verwenden zu können.

$$2\,\pi\,\varepsilon\,K_D/\ln 10 =$$

	a	b	c	d	e	f	g	h
a	3,8613	1,7364	1,0832	0,9960	1,0458	1,0353	0,8952	0,8473
b	1,7364	3,8613	1,1923	1,0832	1,0353	1,0458	0,9430	0,8952
c	1,0832	1,1923	3,8613	1,7364	0,8952	0,9430	1,0458	1,0353
d	0,9960	1,0832	1,7364	3,8613	0,8473	0,8952	1,0353	1,0458
e	1,0458	1,0353	0,8952	0,8473	3,7830	1,6580	1,0048	0,9177
f	1,0353	1,0458	0,9430	0,8952	1,6580	3,7830	1,1139	1,0048
g	0,8952	0,9430	1,0458	1,0353	1,0048	1,1139	3,7830	1,6580
h	0,8473	0,8952	1,0353	1,0458	0,9177	1,0048	1,6580	3,7830

Die Matrix der elektrischen Leitungsinduktivitäten $2\,\pi\,\varepsilon\,K_L/\ln 10$ entsteht daraus nach Gl. (5.9) aus $K_L = M_u K_L M_u'$ durch Matrizenmultiplikation mit der oben angegebenen Transformationsmatrix M_u und mit M_u':

$$2\,\pi\,\varepsilon\,K_L/\ln 10 =$$

	I	II	III	IV	V_1	V_2	A	U
I	$+4{,}250$	$-22\cdot 10^{-3}$	$+21\cdot 10^{-3}$	≈ 0	0	$-50\cdot 10^{-3}$	$+73\cdot 10^{-3}$	$-37\cdot 10^{-3}$
II	$-22\cdot 10^{-3}$	$+4{,}250$	≈ 0	$+21\cdot 10^{-3}$	$+50\cdot 10^{-3}$	0	$+73\cdot 10^{-3}$	$+37\cdot 10^{-3}$
III	$+21\cdot 10^{-3}$	≈ 0	$+4{,}250$	$-22\cdot 10^{-3}$	0	$+50\cdot 10^{-3}$	$+73\cdot 10^{-3}$	$-37\cdot 10^{-3}$
IV	≈ 0	$+21\cdot 10^{-3}$	$-22\cdot 10^{-3}$	$+4{,}250$	$-50\cdot 10^{-3}$	0	$+73\cdot 10^{-3}$	$+37\cdot 10^{-3}$
V_1	0	$+50\cdot 10^{-3}$	0	$-50\cdot 10^{-3}$	$+3{,}438$	$+309\cdot 10^{-3}$	0	$+39\cdot 10^{-3}$
V_2	$-50\cdot 10^{-3}$	0	$+50\cdot 10^{-3}$	0	$+309\cdot 10^{-3}$	$+3{,}438$	0	$+39\cdot 10^{-3}$
A	$+73\cdot 10^{-3}$	$+73\cdot 10^{-3}$	$+73\cdot 10^{-3}$	$+73\cdot 10^{-3}$	0	0	$+1{,}856$	0
U	$-37\cdot 10^{-3}$	$+37\cdot 10^{-3}$	$-37\cdot 10^{-3}$	$+37\cdot 10^{-3}$	$+39\cdot 10^{-3}$	$+39\cdot 10^{-3}$	0	$1{,}436$

Wir werden die hier errechneten Kopplungswerte der Vierfachträgerfrequenzlinie weiter unten (S. 98) für die Berechnung des Nebensprechens verwenden.

b) Die Imviererkopplungen im Kabel. Als nächstes behandeln wir den im Schrifttum häufiger betrachteten Fall eines Kabelvierers gegen Erde bzw. Kabelmantel. Wir fassen dafür die vier Drähte $1, 2, 3, 4$ wie üblich zu folgenden vier Leitungen zusammen: $1/2$, $3/4$, $12/34$, $1234/0$. Damit ergeben sich die beiden Transformationsmatrizen:

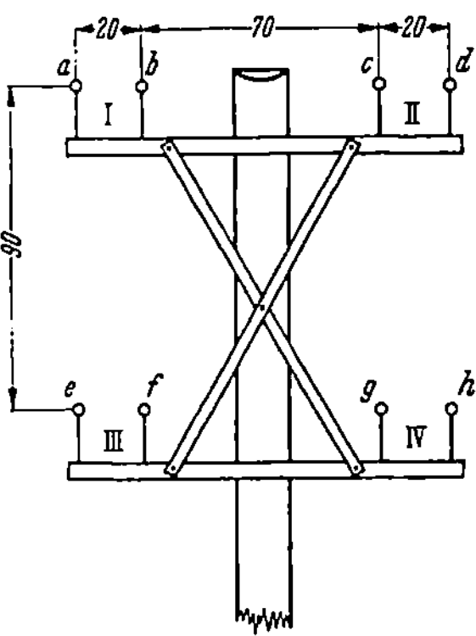

Abb. 13. Drahtlage der Vierfachträgerfrequenzlinie.

$$M_{qv} = \begin{pmatrix} \frac{1}{2} & -\frac{1}{2} & 0 & 0 \\ 0 & 0 & \frac{1}{2} & -\frac{1}{2} \\ \frac{1}{2} & \frac{1}{2} & -\frac{1}{2} & -\frac{1}{2} \\ 1 & 1 & 1 & 1 \end{pmatrix} \qquad M_{uv} = \begin{pmatrix} 1 & -1 & 0 & 0 \\ 0 & 0 & 1 & -1 \\ \frac{1}{2} & \frac{1}{2} & -\frac{1}{2} & -\frac{1}{2} \\ \frac{1}{4} & \frac{1}{4} & \frac{1}{4} & \frac{1}{4} \end{pmatrix} \qquad (1)$$

Man überzeugt sich leicht, daß die oben erörterten Regeln über die inneren Produkte der Zeilen, d.h. Gl. (5.8), erfüllt sind.

Nach Gl. (6.3) ist

$$C_{Lv} = M_{qv} C_{Dv} M'_{qv}, \qquad (2)$$

also

$$C_{Lv} = \begin{pmatrix} \frac{1}{2} & -\frac{1}{2} & 0 & 0 \\ 0 & 0 & \frac{1}{2} & -\frac{1}{2} \\ \frac{1}{2} & \frac{1}{2} & -\frac{1}{2} & -\frac{1}{2} \\ 1 & 1 & 1 & 1 \end{pmatrix} \begin{pmatrix} +C_{11} & -C_{12} & -C_{13} & -C_{14} \\ -C_{21} & +C_{22} & -C_{23} & -C_{24} \\ -C_{31} & -C_{32} & +C_{33} & -C_{34} \\ -C_{41} & -C_{42} & -C_{43} & +C_{44} \end{pmatrix} \begin{pmatrix} \frac{1}{2} & 0 & \frac{1}{2} & 1 \\ -\frac{1}{2} & 0 & \frac{1}{2} & 1 \\ 0 & \frac{1}{2} & -\frac{1}{2} & 1 \\ 0 & -\frac{1}{2} & -\frac{1}{2} & 1 \end{pmatrix}$$
$$(2\,a)$$

Dabei ist für diesen Fall der *vier* Drähte und Hülle:

$$\begin{aligned} C_{11} &= C_{12} + C_{13} + C_{14} + C_{10} & C_{33} &= C_{31} + C_{32} + C_{34} + C_{30} \\ C_{22} &= C_{21} + C_{23} + C_{24} + C_{20} & C_{44} &= C_{41} + C_{42} + C_{43} + C_{40} \end{aligned} \qquad (2\,b)$$
$$C_{ik} = C_{ki}$$

Durch Ausmultiplizieren dieser drei Matrizen erhält man die Elemente der C_L-Matrix als Funktion der Teilkapazitäten:

Die Betriebskapazitäten:

$$C_{\mathrm{I}} = \tfrac{1}{4}(C_{11} + C_{22} + 2C_{12}),$$
$$C_{\mathrm{II}} = \tfrac{1}{4}(C_{33} + C_{44} + 2C_{34}),$$
$$C_v = \tfrac{1}{4}(C_{11} + C_{22} + C_{33} + C_{44}) + \tfrac{1}{2}(-C_{12} - C_{34} + C_{13} + C_{23} + C_{14} + C_{24}),$$
$$C_u = C_{11} + C_{22} + C_{33} + C_{44} - 2(C_{12} + C_{34} + C_{13} + C_{23} + C_{14} + C_{24}),$$

$$(3\,a)$$

3 Klein, Nebensprechen.

und die gegenseitigen Kapazitäten:

$$
\begin{aligned}
C_{I\,II} &= \tfrac{1}{4}\,(C_{13} - C_{23} - C_{14} + C_{24}),\\
C_{I\,v} &= \tfrac{1}{4}\,(-C_{11} + C_{22} - C_{13} + C_{23} - C_{14} + C_{24}),\\
C_{II\,v} &= \tfrac{1}{4}\,(C_{33} - C_{44} + C_{13} + C_{23} - C_{14} - C_{24}),\\
C_{I\,u} &= \tfrac{1}{2}\,(-C_{11} + C_{22} + C_{13} - C_{23} + C_{14} - C_{24}),\\
C_{II\,u} &= \tfrac{1}{2}\,(-C_{33} + C_{44} + C_{13} + C_{23} - C_{14} - C_{24}),\\
C_{v\,u} &= \tfrac{1}{2}\,(-C_{11} - C_{22} + C_{33} + C_{44}) + C_{12} - C_{34}.
\end{aligned}
\tag{3b}
$$

Es ist üblich, folgende Teilkapazitätsdifferenzen als Abkürzungen einzuführen und sie als „kapazitive Kopplungen" zu bezeichnen:

Die „direkte Übersprechkopplung"

$$
k_1' = C_{13} - C_{23} - C_{14} + C_{24};
\tag{4a}
$$

die „direkten Mitsprechkopplungen"

$$
\begin{aligned}
k_2' &= C_{13} - C_{23} + C_{14} - C_{24},\\
k_3' &= C_{13} + C_{23} - C_{14} - C_{24};
\end{aligned}
\tag{4b}
$$

die „Erdkopplungen"

$$
\begin{aligned}
e_1 &= C_{10} - C_{20},\\
e_2 &= C_{30} - C_{40},\\
e_3 &= C_{10} + C_{20} - C_{30} - C_{40};
\end{aligned}
\tag{4c}
$$

ferner

$$
\begin{aligned}
4\,w &= C_{10} + C_{20} + C_{30} + C_{40},\\
4\,x &= C_{13} + C_{23} + C_{14} + C_{24}.
\end{aligned}
\tag{4d}
$$

Damit bekommen die Elemente der C_L-Matrix folgende Werte:

$$
\begin{aligned}
C_I &= C_{12} + x + \tfrac{1}{4}(C_{10} + C_{20}), & C_{I\,II} &= \tfrac{1}{4}\,k_1' = \tfrac{1}{4}\,k_1,\\
C_{II} &= C_{34} + x + \tfrac{1}{4}(C_{30} + C_{40}), & C_{I\,v} &= -\tfrac{1}{2}\,k_2' - \tfrac{1}{4}\,e_1 = -\tfrac{1}{2}\,k_2,\\
C_v &= 4\,x + w, & C_{II\,v} &= \tfrac{1}{2}\,k_3' + \tfrac{1}{4}\,e_2 = \tfrac{1}{2}\,k_3,\\
C_u &= 4\,w, & C_{I\,u} &= -\tfrac{1}{2}\,e_1,\\
 & & C_{II\,u} &= -\tfrac{1}{2}\,e_2,\\
 & & C_{v\,u} &= -\tfrac{1}{2}\,e_3.
\end{aligned}
\tag{5}
$$

Die sechs kapazitiven Kopplungen k_1, k_2, k_3, e_1, e_2, e_3 lassen sich mit Hilfe eines Kopplungsmessers unmittelbar messen.

Diese Formeln wurden im Institut für Schwingungsforschung der Technischen Universität Berlin durch Messungen mit einer Teilkapazitätsmeßbrücke und einer Meßbrücke für kapazitive Kopplungen kontrolliert. Es ergab sich innerhalb der Meßgenauigkeit Übereinstimmung mit der Theorie.

c) Die Nebenviererkopplungen im Kabel. Als nächstes betrachten wir zwei Vierer statt des einen, also insgesamt acht Drähte gegen Erde. Wir

berechnen wieder die Kopplungen zwischen den Leitungen aus den Maxwellschen Teilkapazitäten, können uns aber hier auf die sog. *Nebenviererkopplungen* beschränken, bei denen die eine Leitung dem einen
Vierer und die andere dem anderen angehört, denn wir haben die Imviererkopplungen bereits im vorigen Abschnitt erledigt.

Die Matrizen, die hier auftreten, sind achtreihig. Wir schreiben sie
mit Hilfe der vierreihigen Teilmatrizen des vorigen Abschnitts. So kann
man z.B. für eine Aufteilung $1/2, 3/4, 12/34, 1234/0, 5/6, 7/8, 56/78,$
$5678/0$ die Transformationsmatrix in folgender Form schreiben:

$$M_q = \begin{pmatrix} M_{qv} & 0 \\ 0 & M_{qv} \end{pmatrix}, \tag{6}$$

wo M_{qv} die durch Gl. (1) gegebene vierreihige Matrix ist. Weiter ist:

$$C_D = \begin{pmatrix} C_{Dv_1} & C'_{DN} \\ C_{DN} & C_{Dv_2} \end{pmatrix} \qquad \text{und} \qquad C_L = \begin{pmatrix} C_{Lv_1} & C'_{LN} \\ C_{LN} & C_{Lv_2} \end{pmatrix}. \tag{7}$$

Die beiden „Imvierer-Teilmatrizen" haben dieselbe Form wie in (2a),
jedoch ist zu beachten, daß nicht mehr (2b) gilt, sondern es ist z.B.
$C_{11} = C_{12} + C_{13} + C_{14} + C_{15} + C_{16} + C_{17} + C_{18} + C_{10}$. Die Gl. (3a) und
(3b) gelten unter Berücksichtigung dieser Tatsache unverändert auch
bei 2 Vierern, jedoch nicht die Gl. (4a) bis (5).

Die beiden „Nebenvierer-Teilmatrizen" sind:

$$C_{DN} = \begin{pmatrix} -C_{15} & -C_{25} & -C_{35} & -C_{45} \\ -C_{16} & -C_{26} & -C_{36} & -C_{46} \\ -C_{17} & -C_{27} & -C_{37} & -C_{47} \\ -C_{18} & -C_{28} & -C_{38} & -C_{48} \end{pmatrix}, \tag{8a}$$

und

$$C_{LN} = \begin{pmatrix} -C_{I//I} & -C_{II//I} & -C_{v//I} & -C_{u//I} \\ -C_{I//II} & -C_{II//II} & -C_{v//II} & -C_{u//II} \\ -C_{I//v} & -C_{II//v} & -C_{v//v} & -C_{u//v} \\ -C_{I//u} & -C_{II//u} & -C_{v//u} & -C_{u//u} \end{pmatrix}. \tag{8b}$$

Dabei sollen in Gl. (8b) die Striche im Index andeuten, daß die beiden
Leitungen zu verschiedenen Vierern gehören.

Für den Zusammenhang zwischen Teilkapazitäten und gegenseitigen
Kapazitäten erhalten wir:

$$C_L = \begin{pmatrix} C_{Lv_1} & C'_{LN} \\ C_{LN} & C_{Lv_2} \end{pmatrix} = \begin{pmatrix} M_{qv} & 0 \\ 0 & M_{qv} \end{pmatrix} \begin{pmatrix} C_{Dv_1} & C'_{DN} \\ C_{DN} & C_{Dv_2} \end{pmatrix} \begin{pmatrix} M'_{qv} & 0 \\ 0 & M'_{qv} \end{pmatrix}$$

$$= \begin{pmatrix} M_{qv} C_{Dv_1} M'_{qv} & M_{qv} C'_{DN} M'_{qv} \\ M_{qv} C_{DN} M'_{qv} & M_{qv} C_{Dv_2} M'_{qv} \end{pmatrix}$$

also

$$C_{LN} = M_{qv} C_{DN} M'_{qv}. \tag{9}$$

Durch Ausmultiplizieren dieser Matrizengleichung (9) ergeben sich die 16 gegenseitigen Kapazitäten der beiden Nebenvierer.

Im allgemeinen erhält man die Elemente der C_L-Matrix jedoch nicht rechnerisch, sondern durch Messungen mit dem Kopplungsmesser. Bei allen Nebenviererkopplungen haben die beiden sich beeinflussenden Leitungen keine gemeinsamen Drähte, es handelt sich also in jedem Fall um „Übersprechen" und der Kopplungsmesser ist daher in der Stellung „k_1" anzuwenden. Um aus den Ablesungen am Kopplungsmesser die Elemente der C_L-Matrix zu erhalten, muß man daher bei sämtlichen Nebenvierer- kopplungen das gleiche Vorzeichen und den gleichen Faktor $\frac{1}{4}$ wie bei k_1 hinzufügen. Unter Berücksichtigung von Gl. (5) erhält man demnach für die C_L-Matrix:

$$
C_L =
\begin{array}{c}
 \\ I_1 \\ II_1 \\ V_1 \\ U_1 \\ I_2 \\ II_2 \\ V_2 \\ U_2
\end{array}
\begin{array}{c}
\begin{array}{cccccccc}
I_1 & II_1 & V_1 & U_1 & I_2 & II_2 & V_2 & U_2
\end{array} \\
\left(
\begin{array}{cccc:cccc}
C_{I\,1} & -\tfrac{1}{4}k_1 & +\tfrac{1}{2}k_2 & +\tfrac{1}{2}e_1 & -\tfrac{1}{4}k_9 & -\tfrac{1}{4}k_{10} & -\tfrac{1}{4}k_5 & -\tfrac{1}{4}e_5 \\
-\tfrac{1}{4}k_1 & C_{II\,1} & -\tfrac{1}{2}k_3 & +\tfrac{1}{2}e_2 & -\tfrac{1}{4}k_{11} & -\tfrac{1}{4}k_{12} & -\tfrac{1}{4}k_6 & -\tfrac{1}{4}e_6 \\
+\tfrac{1}{2}k_2 & -\tfrac{1}{2}k_3 & C_{v\,1} & +\tfrac{1}{2}e_3 & -\tfrac{1}{4}k_7 & -\tfrac{1}{4}k_8 & -\tfrac{1}{4}k_4 & -\tfrac{1}{4}e_{13} \\
+\tfrac{1}{2}e_1 & +\tfrac{1}{2}e_2 & +\tfrac{1}{2}e_3 & C_{u\,1} & -\tfrac{1}{4}e_7 & -\tfrac{1}{4}e_8 & -\tfrac{1}{4}e_{14} & -\tfrac{1}{4}e_4 \\
\hdashline
-\tfrac{1}{4}k_9 & -\tfrac{1}{4}k_{11} & -\tfrac{1}{4}k_7 & -\tfrac{1}{4}e_7 & C_{I\,2} & -\tfrac{1}{4}k_1^* & +\tfrac{1}{2}k_2^* & +\tfrac{1}{2}e_1^* \\
-\tfrac{1}{4}k_{10} & -\tfrac{1}{4}k_{12} & -\tfrac{1}{4}k_8 & -\tfrac{1}{4}e_8 & -\tfrac{1}{4}k_1^* & C_{II\,2} & -\tfrac{1}{2}k_3^* & +\tfrac{1}{2}e_2^* \\
-\tfrac{1}{4}k_5 & -\tfrac{1}{4}k_6 & -\tfrac{1}{4}k_4 & -\tfrac{1}{4}e_{14} & +\tfrac{1}{2}k_2^* & -\tfrac{1}{2}k_3^* & C_{v\,2} & +\tfrac{1}{2}e_3^* \\
-\tfrac{1}{4}e_5 & -\tfrac{1}{4}e_6 & -\tfrac{1}{4}e_{13} & -\tfrac{1}{4}e_4 & +\tfrac{1}{2}e_1^* & +\tfrac{1}{2}e_2^* & +\tfrac{1}{2}e_3^* & C_{u\,2}
\end{array}
\right)
\end{array}
\quad (10)
$$

Der Stern bei den Imviererkopplungen des zweiten Vierers soll andeuten, daß diese Kopplungen im allgemeinen von denen des ersten Vierers verschieden sind. Die neun Nebenviererkopplungen sind in der üblichen Weise mit $k_4 \ldots k_{12}$ bezeichnet. Dagegen haben die sieben Nebenvierererdkopplungen außer in [40] meines Wissens bisher noch keine Bezeichnung erhalten. Wir haben sie hier sinngemäß wie die Kopplungen $k_4 \ldots k_8$ mit $e_4 \ldots e_8$ und außerdem mit e_{13} und e_{14} bezeichnet[1].

Als Ergebnis von Gl. (9) unter Vergleich mit Gl. (8a), Gl. (8b) und Gl. (10) erhalten wir die Berechnungsformeln der gegenseitigen Kapazitäten bzw. der Kopplungen aus den MAXWELLschen Teilkapazitäten (von denen zur Vereinfachung nur der Index geschrieben wurde):

a) Viererphantom und Viererphantom.

$$
4\,C_{v//v} \equiv k_4 = \left.
\begin{array}{l}
+15+25-35-45+16+26-36-46 \\
-17-27+37+47-18-28+38+48
\end{array}
\right\} \quad (11a)
$$

---

[1] In [40] ist die Bezeichnung zum Teil eine andere. Die hier vorgeschlagene Bezeichnung erscheint jedoch wegen der Anlehnung an die k-Kopplungen zweckmäßiger.

b) Stamm und Viererphantom.

$$4C_{\mathrm{I}//v} \equiv k_5 = +\,15 - 25 + 16 - 26 - 17 + 27 - 18 + 28$$
$$4C_{\mathrm{II}//v} \equiv k_6 = +\,35 - 45 + 36 - 46 - 37 + 47 - 38 + 48$$
$$4C_{v//\mathrm{I}} \equiv k_7 = +\,15 + 25 - 35 - 45 - 16 - 26 + 36 + 46$$
$$4C_{v//\mathrm{II}} \equiv k_8 = +\,17 + 27 - 37 - 47 - 18 - 28 + 38 + 48$$

$$\tag{11b}$$

c) Stamm und Stamm.

$$4C_{\mathrm{I}//\mathrm{I}} \equiv k_9 = +\,15 - 25 - 16 + 26$$
$$4C_{\mathrm{I}//\mathrm{II}} \equiv k_{10} = +\,17 - 27 - 18 + 28$$
$$4C_{\mathrm{II}//\mathrm{I}} \equiv k_{11} = +\,35 - 45 - 36 + 46$$
$$4C_{\mathrm{II}//\mathrm{II}} \equiv k_{12} = +\,37 - 47 - 38 + 48$$

$$\tag{11c}$$

d) Unsymmetrisches System und unsymmetrisches System.

$$4C_{u//u} \equiv e_4 = 4\,(+\,15 + 25 + 35 + 45 + 16 + 26 + 36 + 46$$
$$+\,17 + 27 + 37 + 47 + 18 + 28 + 38 + 48)$$

$$\tag{11d}$$

e) Stamm und unsymmetrisches System.

$$4C_{\mathrm{I}//u} \equiv e_5 = 2\,(+\,15 - 25 + 16 - 26 + 17 - 27 + 18 - 28)$$
$$4C_{\mathrm{II}//u} \equiv e_6 = 2\,(+\,35 - 45 + 36 - 46 + 37 - 47 + 38 - 48)$$
$$4C_{u//\mathrm{I}} \equiv e_7 = 2\,(+\,15 + 25 + 35 + 45 - 16 - 26 - 36 - 46)$$
$$4C_{u//\mathrm{II}} \equiv e_8 = 2\,(+\,17 + 27 + 37 + 47 - 18 - 28 - 38 - 48)$$

$$\tag{11e}$$

f) Viererphantom und unsymmetrisches System.

$$4C_{v//u} \equiv e_{13} = 2\,(+\,15 + 25 - 35 - 45 + 16 + 26 - 36 - 46$$
$$+\,17 + 27 - 37 - 47 + 18 + 28 - 38 - 48)$$
$$4C_{u//v} \equiv e_{14} = 2\,(+\,15 + 25 + 35 + 45 + 16 + 26 + 36 + 46$$
$$-\,17 - 27 - 37 - 47 - 18 - 28 - 38 - 48)$$

$$\tag{11f}$$

B. Die Kopplungen bei verdrillten Leitungen.

Bisher hatten wir vorausgesetzt, daß die Drähte in dem betrachteten Längenelement parallel sind, so daß die Kopplungen über die Länge konstant sind. Technische Gebilde, bei denen das (abgesehen von den noch zu behandelnden Kreuzungen) nahezu streng der Fall ist, sind die meisten Freileitungen, von denen wir als Beispiel die Vierfachträgerfrequenzlinien behandelt haben. Bei den verseilten Kabeln jedoch und bei den Doppeldrehkreuzlinien ist diese Voraussetzung nicht erfüllt. Hier kann man die Drähte nur in sehr kurzen Längenelementen als hinreichend parallel annehmen; im übrigen ändern sich die Drahtlage und damit die Kopplungen in gesetzmäßiger Weise über die Länge. Diese Abhängigkeit der Kopplungen von der Länge wollen wir im folgenden für die Doppeldrehkreuzlinie und für das Trägerfrequenzkabel im einzelnen behandeln.

Es sei erwähnt, daß die Berechnung der Kopplungen an Hand der abgeleiteten Beziehungen grundsätzlich einfach ist. Wenn aber, wie besonders beim verseilten Trägerfrequenzkabel, die Drahtlage eine sehr verwickelte Funktion der Länge ist, so werden die strengen Formeln für die Kopplungen so umständlich, daß ihre praktische Anwendbarkeit stark eingeschränkt ist. Es zeigt sich aber, daß es durch geschickte Vernachlässigungen möglich ist, die Formeln wesentlich zu vereinfachen und damit praktisch brauchbar zu machen.

§ 10*. Die Kopplungen bei der Doppeldrehkreuzlinie.

Die Doppeldrehkreuzlinie, auf die schon an Hand der Abb. 1 hingewiesen war, ist eine häufig benutzte Trägerfrequenzfreileitungslinie, die aus zwei Doppelleitungen besteht. Durch die eigenartige Isolatoranordnung an den Masten (für jede Leitung abwechselnd nebeneinander und untereinander) wird über zwei Mastfelder eine Vertauschung beider Drähte erreicht, was etwa einer Kreuzung an jedem zweiten Mast bei Paralleldrahtleitungen entspricht.

In jedem Mastfeld bilden die vier Drähte (wenn man vom Drahtdurchhang absieht) vier windschiefe Geraden, deren Spuren sich nach Abb. 14 auf zwei Quadraten bewegen. Hieraus ist es also möglich, die Drahtlage als Funktion der Länge anzugeben[1]. Wir wollen jedoch hier angenähert so rechnen, als ob je zwei Drähte verdrillt wären (Abb. 15), so daß die Drähte Schraubenlinien bilden. Die Rechnung ist dann etwas einfacher und schließt sich vor allem eng an die Theorie des verseilten Kabels an.

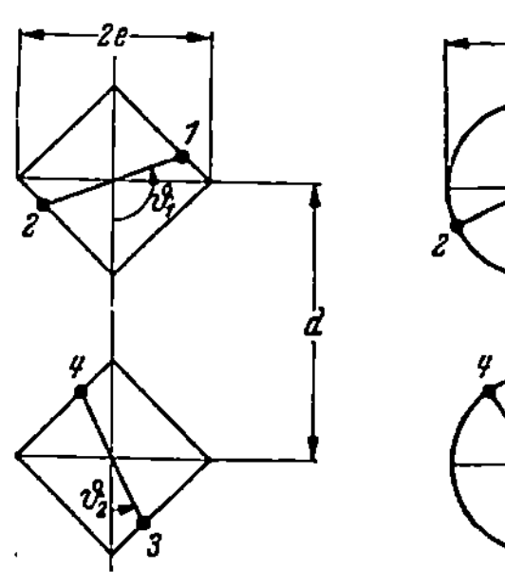

Abb. 14. Drahtlage bei der Doppeldrehkreuzlinie.

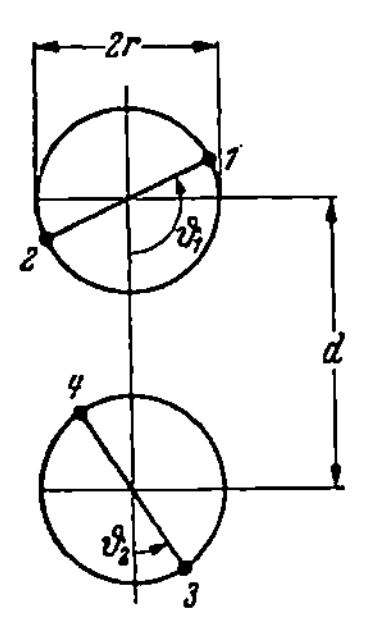

Abb. 15. Angenäherte Drahtlage bei der Doppeldrehkreuzlinie.

Wir fassen die vier Drähte über Erde nach dem Schema 1/2, 3/4, 12/34, 1234/0 zu vier Leitungen, den beiden Stammleitungen, der Viererphantomleitung und dem unsymmetrischen System zusammen.

---

[1] Das ist in [29] geschehen.

Demnach ist die Transformationsmatrix der Spannungen nach Gl. (5.4 a):

$$M_u = \begin{pmatrix} 1 & -1 & 0 & 0 \\ 0 & 0 & 1 & -1 \\ \frac{1}{2} & \frac{1}{2} & -\frac{1}{2} & -\frac{1}{2} \\ \frac{1}{4} & \frac{1}{4} & \frac{1}{4} & \frac{1}{4} \end{pmatrix} \tag{1}$$

Die Matrix der elektrischen Induktivitäten K_L erhält man nach Gl. (5.9) zu

$$K_L = M_u K_D M_u' \, .$$

Für ihre Elemente ergibt sich durch Ausmultiplizieren dieser Matrizengleichung:

$$\left. \begin{aligned} K_I &= K_{11} + K_{22} - 2K_{12}\,, \\ K_{II} &= K_{33} + K_{44} - 2K_{34}\,, \\ 4K_r &= K_{11} + K_{22} + K_{33} + K_{44} - 2K_{13} - 2K_{23} - 2K_{14} \\ &\quad - 2K_{24} + 2K_{12} + 2K_{34}\,, \\ 16K_u &= K_{11} + K_{22} + K_{33}' + K_{44} + 2K_{13} + 2K_{23} + 2K_{14} \\ &\quad + 2K_{24} + 2K_{12} + 2K_{34}\,, \end{aligned} \right\} \tag{2 a}$$

$$\left. \begin{aligned} K_{III} &= K_{13} - K_{23} - K_{14} + K_{24}\,, \\ 2K_{Iv} &= K_{11} - K_{22} - K_{13} + K_{23} - K_{14} + K_{24}\,, \\ 4K_{Iu} &= K_{11} - K_{22} + K_{13} - K_{23} + K_{14} - K_{24}\,, \\ 2K_{IIv} &= K_{13} - K_{14} + K_{23} - K_{24} - K_{33} + K_{44}\,, \\ 4K_{IIu} &= K_{13} - K_{14} + K_{23} - K_{24} + K_{33} - K_{44}\,, \\ 8K_{ru} &= K_{11} + K_{22} - K_{33} - K_{44} + 2K_{12} - 2K_{34}\,. \end{aligned} \right\} \tag{2 b}$$

Die einzelnen Drahtinduktivitäten K ergeben sich nach Gl. (3.4) aus den Drahtabständen; z. B. ist für die Drähte i und k mit ihren Spiegelbildern i' und k' an der ebenen Erde:

$$2\pi\varepsilon K_{ik} = 2\pi\varepsilon K_{ki} = \ln\frac{\overline{i'k}}{\overline{ik}} = \ln\frac{\overline{k'i}}{\overline{ki}}\,.$$

Die Drahtabstände erhält man in Abhängigkeit der beiden Drehwinkel ϑ_1 und ϑ_2 aus Abb. 15 nach dem Satz des Pythagoras. Zum Beispiel ist:

$$\begin{aligned} \overline{13}^2 &= [d + r\cos(\pi - \vartheta_1) + r\cos\vartheta_2]^2 + [r\sin(\pi - \vartheta_1) - r\sin\vartheta_2]^2 \\ &= d^2 + 2r^2 - 2rd(\cos\vartheta_1 - \cos\vartheta_2) - 2r^2\cos(\vartheta_1 - \vartheta_2)\,. \end{aligned}$$

Bei einer Doppeldrehkreuzlinie können wir die beiden Leitungsschleifen überall aufeinander senkrecht annehmen, d. h. es ist $\vartheta_1 = \vartheta_2 + \frac{\pi}{2}$. Damit fällt das Glied mit $\cos(\vartheta_1 - \vartheta_2)$ weg und wir erhalten mit der

Abkürzung $p = rd/(d^2 + 2r^2)$ und mit

$$\cos\vartheta_1 + \sin\vartheta_1 = \sqrt{2}\cos(\vartheta_1 - \pi/4),$$
$$\cos\vartheta_1 - \sin\vartheta_1 = -\sqrt{2}\sin(\vartheta_1 - \pi/4),$$

wenn wir vorübergehend $\vartheta_1 - \dfrac{\pi}{4} = \delta$ setzen, für den Abstand 13 und entsprechend für die Abstände 14, 23 und 24:

$$13^2 = (d^2 + 2r^2)(1 + 2p\sqrt{2}\sin\delta),$$
$$14^2 = (d^2 + 2r^2)(1 - 2p\sqrt{2}\cos\delta),$$
$$23^2 = (d^2 + 2r^2)(1 + 2p\sqrt{2}\cos\delta),$$
$$24^2 = (d^2 + 2r^2)(1 - 2p\sqrt{2}\sin\delta).$$

Weiter gilt mit sehr guter Annäherung ($h =$ mittlere Höhe der Drähte über Erde):

$$1'3 \approx 1'4 \approx 2'3 \approx 2'4 \approx 2h,$$
$$1'1 \approx 2'2 \approx 1'2 \approx 2h + d,$$
$$3'3 \approx 4'4 \approx 3'4 \approx 2h - d,$$
$$12 = 2r,$$
$$11 = \varrho.$$

Damit erhält man für die Drahtinduktivitäten, wenn man von der Reihenentwicklung $\ln(1 + x) = x - \dfrac{x^2}{2} + \dots$ Gebrauch macht:

$$2\pi\varepsilon K_{13} = \ln\frac{2h}{\sqrt{d^2 + 2r^2}} - p\sqrt{2}\sin\delta + 2p^2\sin^2\delta,$$

$$2\pi\varepsilon K_{14} = \ln\frac{2h}{\sqrt{d^2 + 2r^2}} + p\sqrt{2}\cos\delta + 2p^2\cos^2\delta,$$

$$2\pi\varepsilon K_{23} = \ln\frac{2h}{\sqrt{d^2 + 2r^2}} - p\sqrt{2}\cos\delta + 2p^2\cos^2\delta,$$

$$2\pi\varepsilon K_{24} = \ln\frac{2h}{\sqrt{d^2 + 2r^2}} + p\sqrt{2}\sin\delta + 2p^2\sin^2\delta,$$

$$2\pi\varepsilon K_{12} = \ln\frac{2h + d}{2r}, \qquad\qquad 2\pi\varepsilon K_{34} = \ln\frac{2h - d}{2r},$$

$$2\pi\varepsilon K_{11} = 2\pi\varepsilon K_{22} = \ln\frac{2h + d}{\varrho}, \quad 2\pi\varepsilon K_{33} = 2\pi\varepsilon K_{44} = \ln\frac{2h - d}{\varrho}.$$

Setzt man diese Werte in die allgemeinen Gleichungen (2a) und (2b) ein, so wird, wenn man die Größen mit p^2 wegläßt, (zum Teil nach leichter Umformung) mit

$$\vartheta_1 = \frac{\pi x}{2w}$$

($x =$ Koordinate längs des Gestänges, $w =$ Mastabstand):

$$
\begin{aligned}
2\pi\varepsilon K_{\mathrm{I}} &= 2\pi\varepsilon K_{\mathrm{II}} = 2\ln\frac{2r}{\varrho}, \\
2\pi\varepsilon K_{v} &= \ln\frac{d^2 + 2r^2}{2r\varrho}, \\
2\pi\varepsilon K_{u} &= \tfrac{1}{4}\ln\frac{8h^4}{r\varrho(d^2 + 2r^2)},
\end{aligned}
\qquad (3\,\mathrm{a})
$$

$$
\begin{aligned}
2\pi\varepsilon K_{\mathrm{I\,II}} &\approx 0 \\
2\pi\varepsilon K_{\mathrm{I}\,v} &= -\frac{2rd}{d^2 + 2r^2}\cos\vartheta_1, \\
2\pi\varepsilon K_{\mathrm{II}\,v} &= -\frac{2rd}{d^2 + 2r^2}\sin\vartheta_1, \\
2\pi\varepsilon K_{\mathrm{I}\,u} &= +\frac{rd}{d^2 + 2r^2}\cos\vartheta_1, \\
2\pi\varepsilon K_{\mathrm{II}\,u} &= -\frac{rd}{d^2 + 2r^2}\sin\vartheta_1.
\end{aligned}
\qquad (3\,\mathrm{b})
$$

In der hier verwendeten Näherung sind also die elektrischen Selbstinduktivitäten K_{I}, K_{II}, K_{v} und K_{u} über die Leitungslänge konstant, während sich die elektrischen Gegeninduktivitäten zwischen Stamm I bzw. II und dem Vierer V bzw. dem unsymmetrischen System U über die Leitungslänge x periodisch mit gleicher Schlaglänge ändern.

Wir werden später (S. 86) bei der Berechnung des Nebensprechens von diesen Gleichungen (3a) und (3b) Gebrauch machen.

§ 11*. Die Kopplungen in Sternviererkabeln[1].

Wir betrachten als Beispiel ein Trägerfrequenzkabel mit 12 Sternvierern nach Abb. 3. Die zweckmäßigste Leitungsbildung ist in diesem Fall für jeden Sternvierer: 2 Stämme, 1 Viererphantom-

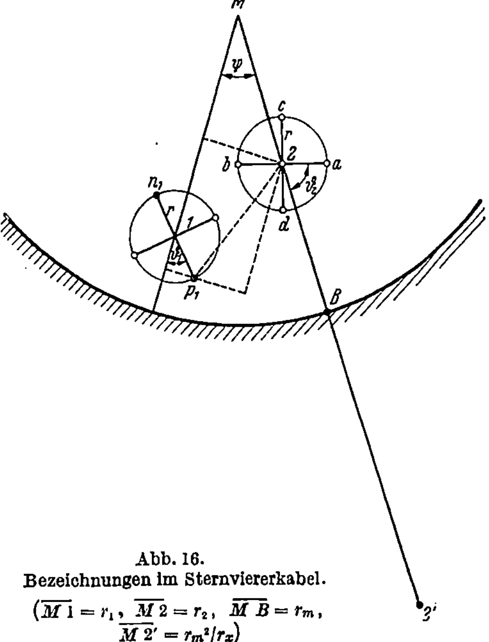

Abb. 16.
Bezeichnungen im Sternviererkabel.
$(\overline{M\,1} = r_1,\; \overline{M\,2} = r_2,\; \overline{M\,B} = r_m,$
$\overline{M\,2'} = r_m^2/r_x)$

---

[1] Die Formeln dieses Abschnitts wurden z. T. von Herrn Dipl.-Ing. Erwin Lubahn in seiner Diplomarbeit abgeleitet.

kreis und 1 unsymmetrisches System aller vier Drähte gegen den Mantel. Da die Vierer in der Innenlage wie in der Außenlage liegen können, gibt es sehr viele verschiedene Möglichkeiten für die Gegeninduktivitäten. Wir wollen uns daher hier nur auf die Kopplungen zwischen einem Stamm und einem unsymmetrischen System beschränken, weil diese für die Entstehung des Nebensprechens in erster Linie in Frage kommen.

a) Kopplungen zwischen verschiedenen Vierern. Wir betrachten in dem Kabelquerschnitt zwei Sternvierer, deren Lage nach Abb. 16 durch die Winkel ψ, ϑ_1 und ϑ_2 sowie durch die Radien r_1 und r_2 festgelegt ist. Für die elektrische Gegeninduktivität des Stammes 1 (Drähte p_1, n_1) gegenüber dem unsymmetrischen System der Drähte a, c, b, d gegen den Mantel erhält man nach Gl. (8.3):

$$2\pi\varepsilon\,K_{1//u} = \ln\frac{\overline{p_2\,n_1}\cdot\overline{p_2'\,p_1}}{\overline{p_2'\,n_1}\cdot\overline{p_2\,p_1}}. \tag{1}$$

Dabei sind die Abstände gegenüber dem positiven Draht p_1 bzw. dem negativen Draht n_1 des Stammes 1 als mittlere geometrische Abstände der Drähte a, c, b, d zu nehmen, so daß z. B.:

$$\overline{p_2\,n_1} = \sqrt[4]{\overline{a\,n_1}\cdot\overline{c\,n_1}\cdot\overline{b\,n_1}\cdot\overline{d\,n_1}} \tag{2}$$

zu setzen ist.

Bezeichnen wir nach Abb. 17 den Mittelpunkt des Vierers 2 mit 2, so können wir die Größe $\overline{p_2 n_1}$ mit Hilfe des Satzes des Pythagoras errechnen. Aus der Abb. 17 erhalten wir z. B.

$$\overline{a\,n_1}^2 = (\overline{n_1\,2} - r\cos\alpha)^2 + (r\sin\alpha)^2 = \overline{n_1\,2}^2 + r^2 - 2\,\overline{n_1\,2}\,r\cos\alpha$$

und entsprechend, die Größen $\overline{b\,n_1}^2$, $\overline{c\,n_1}^2$, $\overline{d\,n_1}^2$. Durch Einsetzen in Gl. (2) ergibt sich nach elementarer Umformung:

$$\overline{p_2\,n_1} = \overline{n_1\,2}\sqrt[8]{1 + r^8/\overline{n_1\,2}^8 - 2\cos 4\alpha\cdot r^4/\overline{n_1\,2}^4}$$
$$\approx \overline{n_1\,2}\,(1 + r^8/8\,\overline{n_1\,2}^8 - \cos 4\alpha\cdot r^4/4\,\overline{n_1\,2}^4).$$

Bei den üblichen Trägerfrequenzkabeln kann $r/\overline{n_1\,2}$ ungünstigenfalls den Wert 0,4 annehmen. Es ist also immer mit ausreichender Genauigkeit

$$\overline{p_2\,n_1} \approx \overline{n_1\,2}\,.$$

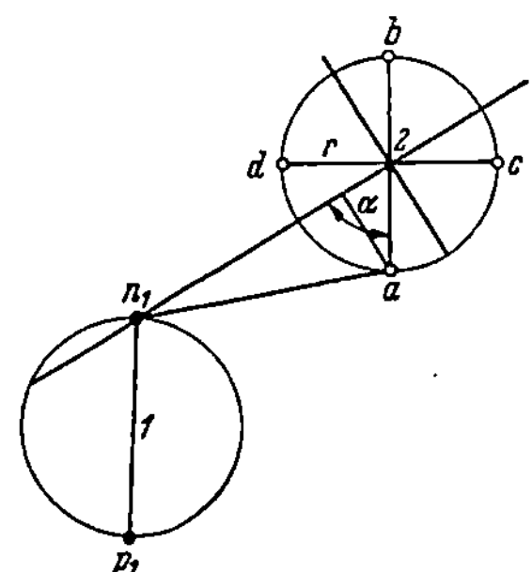

Abb. 17. Zur Berechnung der mittleren geometrischen Abstände.

Das bedeutet, daß man für $r/\overline{n_1\,2} \leqq 0{,}4$ bzw. etwa $r/\overline{1\,2} \leqq 0{,}3$ die 4 Drähte a, c, b, d durch einen einzigen Draht 2 im Mittelpunkt des Vierers 2 ersetzen darf. Das gleiche gilt für die Spiegelbilder der Drähte am Bleimantel, die man durch 2', das Spiegelbild von 2 ersetzen darf. Man darf also in Gl. (1) überall 2 statt p_2 und 2' statt p_2' schreiben, falls ungefähr $r/\overline{1\,2} \leqq 0{,}3$ ist. Diese Näherung bedeutet eine wesentliche Vereinfachung der Rechnung.

Aus Abb. 16 liest man ab:

$$\overline{p_1\,2}^2 = (r_1 - r_2\cos\psi + r\cos\vartheta_1)^2 + (r_2\sin\psi - r\sin\vartheta_1)^2$$

und erhält nach Ausmultiplizieren und Umformung:

$$\overline{p_1\,2}^2 = r_1^2 + r_2^2 + r^2 - 2\,r_1\,r_2\cos\psi - 2\,r_2\,r\cos(\psi - \vartheta_1) + 2\,r_1\,r\cos\vartheta_1\,.$$

Aus dem Dreieck $\overline{M\,12}$ (Abb. 16) folgt weiter nach dem Cosinussatz:

$$\overline{12}^2 = r_1^2 + r_2^2 - 2\,r_1\,r_2\cos\psi, \tag{3a}$$

so daß man erhält:

$$\overline{p_1\,2}^2 = \left(\overline{12}^2 + r^2\right)\left(1 - \frac{2\,r_2\,r\cos(\psi - \vartheta_1) - 2\,r_1\,r\cos\vartheta_1}{\overline{12}^2 + r^2}\right).$$

Der Wert $\overline{n_1\,2}^2$ geht daraus hervor, indem man ϑ_1 durch $\vartheta_1 + \pi$ ersetzt, für $\overline{p_1\,2}'^2$ und $\overline{n_1\,2}'^2$ ist r_2 durch $r_2' = r_m^2/r_2$ zu ersetzen. Mit Gl. (3a) sowie

$$\overline{12}'^2 = r_1^2 + r_2'^2 - 2\,r_1\,r_2'\cos\psi \tag{3b}$$

und den Abkürzungen

$$T = \frac{2\,r\,r_2\cos(\psi - \vartheta_1) - 2\,r\,r_1\cos\vartheta_1}{\overline{12}^2 + r^2} \tag{4a}$$

$$T' = \frac{2\,r\,r_2'\cos(\psi - \vartheta_1) - 2\,r\,r_1\cos\vartheta_1}{\overline{12}'^2 + r^2} \tag{4b}$$

wird daher nach Gl. (2):

$$2\,\pi\,\varepsilon\,K_{1//u} = \tfrac{1}{2}\ln\frac{1 + T}{1 - T} - \tfrac{1}{2}\ln\frac{1 + T'}{1 - T'}\,. \tag{5a}$$

Für $T < 1$, $T' < 1$ ergibt die Reihenentwicklung des Logarithmus

$$2\,\pi\,\varepsilon\,K_{1//u} = T - T' + \tfrac{1}{3}\,T^3 - \tfrac{1}{3}\,T'^3 + - \cdots \tag{5b}$$

Die Durchführung dieser Rechnung ist verschieden, je nachdem beide Vierer in der gleichen Verseillage liegen oder in verschiedenen. Im ersten Fall laufen beide Vierer dauernd parallel, d. h. ψ ist eine Konstante, also ist der ganze Nenner von T und T' konstant. Der andere Fall ist umständlicher, da dann ψ mit der Länge veränderlich ist.

1. Beide Vierer in der gleichen Verseillage. In diesem Fall ist $r_1 = r_2$. Wir setzen:

$$A = \frac{2\,r\,r_1}{2\,r_1^2\,(1 - \cos\psi) + r^2}\;;\quad B = \frac{2\,r\,r_1'}{r_1^2 + r_1'^2 + r^2 - 2\,r_1\,r_1'\cos\psi}\,. \tag{6}$$

Damit ist

$$T = A\left[\cos(\psi - \vartheta_1) - \cos\vartheta_1\right] = A\left[(\cos\psi - 1)\cos\vartheta_1 + \sin\psi\sin\vartheta_1\right],$$

$$T' = B\left[\cos(\psi - \vartheta_1) - \cos\vartheta_1 \cdot r_1/r_1'\right] = B\left[(\cos\psi - r_1/r_1')\cos\vartheta_1 + \sin\psi\sin\vartheta_1\right].$$

Bei Vernachlässigung der Glieder dritter Ordnung in Gl.(5b) erhält man daher:

$$2\pi\,\varepsilon\,K_{1//u} = P\cos\vartheta_1 + Q\sin\vartheta_1 \tag{7}$$

mit

$$\left.\begin{aligned} P &= A\,(\cos\psi - 1) - B\,(\cos\psi - r_1/r_1') \\ Q &= (A - B)\sin\psi \end{aligned}\right\} \tag{7a}$$

Das 24 paarige Trägerfrequenzkabel mit 1,2-mm-Adern hat folgende Querschnittsabmessungen:

$$r = 1.75\,\text{mm}, \qquad r_m = 13\,\text{mm},$$

$$\text{Kernlage:}\quad r_1 = r_i = 3{,}25\,\text{mm},\quad r_i' = r_m^2/r_i = 52\,\text{mm},$$

$$\text{Außenlage:}\quad r_1 = r_a = 9{,}4\,\text{mm},\quad r_a' = r_m^2/r_a = 18\,\text{mm}.$$

Damit erhalten die beiden Konstanten P und Q folgende Werte:

	Kernlage $\psi = 120°$	Außenlage			
		$\psi = 40°$	$\psi = 80°$	$\psi = 120°$	$\psi = 160°$
P	$-0{,}45$	$-0{,}28$	$-0{,}12$	$-0{,}08$	$-0{,}06$
Q	$+0{,}22$	$+0{,}22$	$+0{,}05$	$+0{,}01$	0

Für die Vierer mit negativem ψ bleibt P unverändert, während Q seine Vorzeichen wechselt.

2. Beide Vierer in verschiedenen Verseillagen. Liegen die beiden betrachteten Vierer in verschiedenen Lagen, dann ist ψ nicht konstant, sondern wie ϑ_1 von der Länge abhängig. In diesem Fall setzen wir

$$\left.\begin{aligned} \frac{2\,r_1\,r_2}{r_1^2 + r_2^2 + r^2} = C;\quad & \frac{2\,r\,r_1}{r_1^2 + r_2^2 + r^2} = D;\quad \frac{2\,r\,r_2}{r_1^2 + r_2^2 + r^2} = E; \\ \frac{2\,r_1\,r_2'}{r_1^2 + r_2'^2 + r^2} = C';\quad & \frac{2\,r\,r_1}{r_1^2 + r_2'^2 + r^2} = D';\quad \frac{2\,r\,r_2'}{r_1^2 + r_2'^2 + r^2} = E'. \end{aligned}\right\} \tag{8}$$

Damit wird

$$\left.\begin{aligned} T &= \frac{E\cos(\psi - \vartheta_1) - D\cos\vartheta_1}{1 - C\cos\psi} \\ T' &= \frac{E'\cos(\psi - \vartheta_1) - D'\cos\vartheta_1}{1 - C'\cos\psi} \end{aligned}\right\} \tag{9}$$

Da in Gl.(9) $C\cos\psi$ immer kleiner als 1 ist, kann man für den Nenner die Reihenentwicklung anschreiben:

$$T = [E\cos(\psi - \vartheta_1) - D\cos\vartheta_1][1 + C\cos\psi + C^2\cos^2\psi + C^3\cos^3\psi + \cdots]$$

$$= [E\cos(\psi - \vartheta_1) - D\cos\vartheta_1][1 + \tfrac{1}{2}C^2 + \tfrac{3}{8}C^4 + (C + \tfrac{3}{4}C^3)\cos\psi$$

$$+ \tfrac{1}{2}(C^2 + C^4)\cos 2\psi + \tfrac{1}{4}C^3\cos 3\psi + \cdots]$$

und nach Ausmultiplizieren und Umformen:

$$\left.\begin{aligned}
T = {}& [- D(1 + \tfrac{1}{2}C^2 + \tfrac{3}{8}C^4) + \tfrac{1}{2}E(C + \tfrac{3}{4}C^3)]\cos\vartheta_1 \\
& + [E(1 + \tfrac{1}{2}C^2 + \tfrac{3}{8}C^4) - \tfrac{1}{2}D(C + \tfrac{3}{4}C^3)]\cos(\psi - \vartheta_1) \\
& + [-\tfrac{1}{2}D(C + \tfrac{3}{4}C^3) + \tfrac{1}{4}E(C^2 + C^4)]\cos(\psi + \vartheta_1) \\
& + [\tfrac{1}{2}E(C + \tfrac{3}{4}C^3) - \tfrac{1}{4}D(C^2 + C^4)]\cos(2\psi - \vartheta_1) \\
& + [-\tfrac{1}{4}D(C^2 + C^4) + \tfrac{1}{8}E C^3]\cos(2\psi + \vartheta_1) + \cdots
\end{aligned}\right\} \quad (10)$$

Die Größe T ist demnach eine Summe von Cosinusfunktionen, deren Amplitude sich mit Hilfe von Gl. (8) aus den geometrischen Abmessungen berechnen läßt. T' erhält man nach der gleichen Gl. (10), wenn man statt C, D, E die Größen C', D', E' nach Gl. (8) einsetzt. Die Amplituden der höheren Cosinusglieder werden bald vernachlässigbar klein. Nach Gl. (5 b) erhält man dann aus $T - T'$ einen Näherungswert für die elektrische Gegeninduktivität $K_{1//u}$, den man durch Berücksichtigung höherer Glieder verbessern kann.

Wir wenden diese Formeln auf das 24paarige Trägerfrequenzkabel an. Je nachdem, in welcher Lage die beiden betrachteten Vierer liegen, gibt es zwei verschiedene Fälle.

α) Stamm in der Außenlage, unsymmetrisches System im Kern. Mit den oben angegebenen Querschnittsabmessungen $r_a = 9,4$ mm $= r_1$; $r_i = 3,25$ mm $= r_2$; $r_2' = 13^2/3,25 = 52$ mm ergibt sich aus Gl. (8):

$$C = 0,6; \quad D = 0,32; \quad E = 0,11;$$
$$C' = 0,35; \quad D' = 0,012; \quad E' = 0,065$$

und aus Gl. (10) mit $\vartheta_1 = \vartheta_a$:

$$T = -0,35\cos\vartheta_a + 0,013\cos(\psi - \vartheta_a) - 0,11\cos(\psi + \vartheta_a)$$
$$- 0,04\cos(2\psi + \vartheta_a) + \cdots$$

$$T' = 0,07\cos(\psi - \vartheta_a) + \cdots$$

$$\tfrac{1}{3}T^3 = -\tfrac{1}{3}\cdot 0,35^3\cos^3\vartheta_a + \cdots = -\tfrac{3}{4}\cdot\tfrac{1}{3}\cdot 0,35^3\cos\vartheta_a + \cdots$$

$$= -0,01\cos\vartheta_a$$

$$\tfrac{1}{3}T'^3 \approx 0$$

und man erhält für die elektrische Gegeninduktivität nach Gl. (5 b):

$$\left.\begin{aligned}
2\pi\varepsilon K_{1a//u_i} = {}& -0,36\cos\vartheta_a - 0,06\cos(\psi - \vartheta_a) \\
& - 0,11\cos(\psi + \vartheta_a) - 0,04\cos(2\psi + \vartheta_a)
\end{aligned}\right\} \quad (11)$$

β) Stamm im Kernvierer, unsymmetrisches System in der Außenlage. In diesem Fall ist bei dem gleichen Kabel:

$$r_i = 3,25\,\text{mm} = r_1, \quad r_a = 9,4\,\text{mm} = r_2, \quad r_2' = 13^2/9,4 = 18\,\text{mm}$$

und daraus

$$C = 0,6; \quad D = 0,11; \quad E = 0,32,$$

$$C' = 0,35; \quad D' = 0,034; \quad E' = 0,19.$$

Setzt man diese Werte in Gl. (9) ein, so erhält man mit $\vartheta_1 = \vartheta_i$:

$$T = -0,013 \cos \vartheta_i + 0,35 \cos (\psi - \vartheta_i) + 0,11 \cos (2\psi - \vartheta_i) + \cdots$$

$$T' = \quad 0,20 \cos (\psi - \vartheta_i) + 0,036 \cos (2\psi - \vartheta_i) + \cdots$$

$$\tfrac{1}{3} T^3 \approx 0,01 \cos (\psi - \vartheta_i) + \cdots; \quad \tfrac{1}{3} T'^3 \approx 0$$

und damit

$$2\pi\varepsilon K_{1s//U_a} = 0,16 \cos (\psi - \vartheta_i) + 0,07 \cos (2\psi - \vartheta_i). \tag{12}$$

b) Stamm und unsymmetrisches System im gleichen Vierer. Auch in diesem Fall erfolgt die Berechnung nach Gl. (1). Mit den Bezeichnungen der Abb. 18 ist $\overline{p_2 n_1} = \sqrt[4]{\overline{ba} \cdot \overline{bb} \cdot \overline{bc} \cdot \overline{bd}}$ und $\overline{p_2 p_1} = \sqrt[4]{\overline{aa} \cdot \overline{ab} \cdot \overline{ac} \cdot \overline{ad}}$.

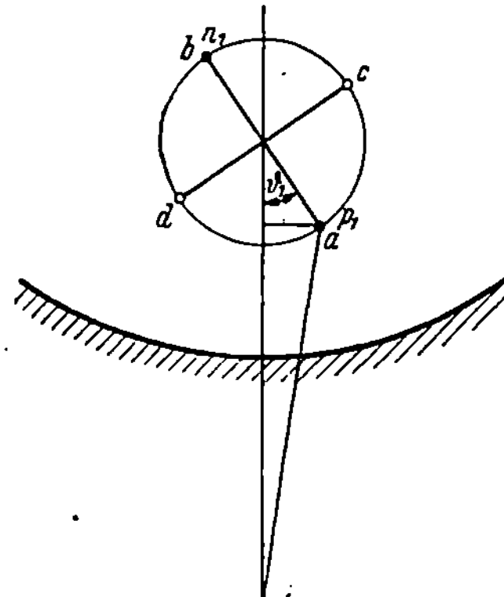

Bei dem symmetrischen Aufbau des Sternvierers ist daher $\overline{p_2 n_1} = \overline{p_2 p_1}$. Statt der Spiegelbilder der 4 Drähte a, b, c, d kann man wieder wie oben das Spiegelbild des Vierermittelpunktes nehmen, hier also den Punkt $1'$. Man erhält daher für die Gegeninduktivität des Stammes auf das unsymmetrische System des eigenen Vierers:

$$2\pi\varepsilon K_{Iu} = \ln \frac{\overline{a\,1'}}{\overline{b\,1'}}. \tag{13}$$

Abb. 18. Bezeichnungen im Vierer.

Aus Abb. 18 liest man ab:

$$\overline{a\,1'}^2 = (r_1' - r_1 - r \cos \vartheta_1)^2 + (r \sin \vartheta_1)^2 = (r_1' - r_1)^2$$
$$+ r^2 - 2r(r_1' - r_1) \cos \vartheta_1.$$

Für $\overline{b\,1'}$ ist statt ϑ_1 der Winkel $\vartheta_1 + \pi$ einzusetzen, d. h. der Faktor von $\cos \vartheta_1$ wechselt sein Vorzeichen.

Setzt man dies in Gl. (13) ein, so erhält man das Ergebnis in der Form der Gl. (5a) bzw. Gl. (5b), wenn man dort $T' = 0$ und

$$T = -\frac{2r(r_1' - r_1)}{(r_1' - r_1)^2 + r^2} \cos \vartheta_1 \tag{14}$$

setzt. Für einen Vierer der Außenlage wird mit $r_1 = r_a = 9,4$ mm, $r_1' = 13^2/9,4 = 18$ mm, $r = 1,75$ mm

$$2\pi\varepsilon K_{Iu_a} = -0,39 \cos \vartheta_a \tag{15}$$

und für die Kernlage mit $r_1 = r_i = 3{,}25$ mm,
$r_1' = 13^2/3{,}25 = 52$ mm

$$2\pi\varepsilon\, K_{I\,u_i} = -\,0{,}07\cos\vartheta_i\,. \qquad (16)$$

c) Selbstinduktivitäten. *1. Die Selbstinduktivitäten des Stammes.* Die Selbstinduktion K_s einer Stammleitung aus den beiden Drähten p_1 und n_1 erhält man mit den Bezeichnungen der Abb. 19 nach Gl. (8.5) mit $\overline{n_1 p_1} = 2\,r$, $\overline{p_1 p_1}$ $= \overline{n_1 n_1} = \varrho$:

$$2\pi\varepsilon\, K_s = 2\ln\frac{2\,r}{\varrho} + \ln\frac{\overline{p_1' p_1}\;\overline{n_1' n_1}}{\overline{p_1' n_1}\;\overline{n_1' p_1}}\,. \qquad (17\,\text{a})$$

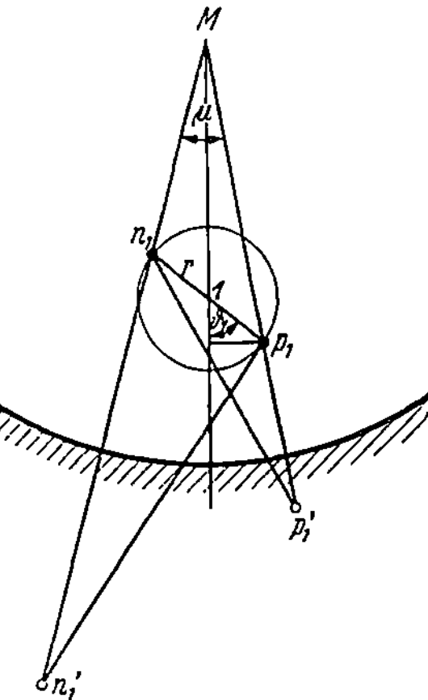

Abb. 19. Zur Berechnung der Stammselbstinduktion.
$(\overline{M\,1} = r_1)$

In Abhängigkeit vom Drallwinkel ϑ_1 wird daraus (siehe Anhang zu diesem Paragraph, S. 48):

$$2\pi\varepsilon\, K_s = 2\ln\frac{2\,r}{\varrho} + \ln\frac{(r_m^2 - r_1^2)^2 + r^4 - 2\,r_1^2\,r^2\cos 2\vartheta_1 - 2\,r_m^2\,r^2}{(r_m^2 - r_1^2)^2 + r^4 - 2\,r_1^2\,r^2\cos 2\vartheta_1 + 2\,r_m^2\,r^2}\,. \qquad (17\,\text{b})$$

Das zweite Glied hängt also von dem Winkel $2\vartheta_1$ ab. Die Abhängigkeit ist jedoch gering. Der ungünstigste Fall liegt vor, wenn der Vierer in der Außenlage liegt. Dann wird mit

$$r_m = 13\,\text{mm}, \quad r_1 = 9{,}4\,\text{mm}, \quad r = 1{,}75\,\text{mm}:$$

$$\frac{2\,r_1^2\,r^2}{(r_m^2 - r_1^2)^2 + r^4} = 0{,}076 \quad \text{und} \quad \frac{2\,r_m^2\,r^2}{(r_m^2 - r_1^2)^2 + r^4} = 0{,}16\,.$$

Wie man aus der Reihenentwicklung des zweiten Gliedes von Gl. (17 b) ersieht, kann man mit diesen Zahlenwerten die Glieder mit ϑ_1 weglassen und man erhält als Endergebnis angenähert:

$$2\pi\varepsilon\, K_s = 2\ln\frac{2\,r}{\varrho} - \frac{4\,r_m^2\,r^2}{(r_m^2 - r_1^2)^2 + r^4}\,. \qquad (17\,\text{c})$$

Für die Außenlage ergibt sich demnach

$$2\pi\varepsilon\, K_s = 3{,}53 - 0{,}32 = 3{,}21 \qquad (18\,\text{a})$$

und für die Kernlage ($r_m = 13$ mm, $r_1 = 3{,}25$ mm, $r = 1{,}75$ mm):

$$2\pi\varepsilon\, K_s = 3{,}53 - 0{,}08 = 3{,}45\,.$$

2. Selbstinduktivität des unsymmetrischen Systems. Für die Selbstinduktion des unsymmetrischen Systems aus den 4 Drähten a, b, c, d eines Vierers gegen den Kabelmantel erhalten wir aus Gl. (8.2)

$$2\pi\varepsilon\, K_u = \ln\frac{\overline{p_1' p_1}}{\overline{p_1 p_1}}\,\frac{r_{p_1}}{r_m}\,. \qquad (19)$$

Dabei ist $\overline{p_1' p_1}$ der geometrische Mittelwert aller 16 Abstände der 4 Drähte a, b, c, d von ihren Spiegelbildern a', b', c', d'; r_{p_1} ist der geometrische Mittelwert der 4 Abstände von der Kabelachse zu den 4 Drähten. Schließlich ist

$$\overline{p_1 p_1} = \sqrt[16]{\overline{aa} \cdot \overline{ab} \cdot \overline{ac} \cdot \overline{ad} \cdot \overline{ba} \cdot \overline{bb} \cdot \overline{bc} \cdot \overline{bd} \cdot \overline{ca} \cdot \overline{cb} \cdot \overline{cc} \cdot \overline{cd} \cdot \overline{da} \cdot \overline{db} \cdot \overline{dc} \cdot \overline{dd}}$$

und wegen

$$\overline{aa} = \overline{bb} = \overline{cc} = \overline{dd} = \varrho; \quad \overline{ab} = \overline{cd} = 2r; \quad \overline{ac} = \overline{ad} = \overline{bc} = \overline{bd} = r\sqrt{2}$$

wird

$$\overline{p_1 p_1} = \sqrt[4]{4 \varrho\, r^3}.$$

Es zeigt sich, daß man, wie oben für einen einfachen Fall an Hand der Abb. 17 nachgewiesen, auch hier mit genügender Genauigkeit statt der geometrischen Mittelwerte der Abstände den Abstand vom Mittelpunkt des Vierers einsetzen kann, so daß

$$r_{p_1} = r_1 \quad \text{und} \quad \overline{p_1' p_1} = \frac{r_m^2}{r_1} - r_1$$

wird. Damit geht also Gl. (19) über in

$$2\pi\varepsilon\, K_u = \ln \frac{r_m - r_1^2/r_m}{\sqrt[4]{4 \varrho\, r^3}}. \tag{20}$$

Nach Einsetzen der Zahlenwerte erhält man für die Außenlage

$$2\pi\varepsilon\, K_{u_a} = 1{,}19 \tag{21}$$

und für die Kernlage

$$2\pi\varepsilon\, K_{u_i} = 1{,}86. \tag{22}$$

Anhang zu § 11.

Berechnung der Selbstinduktivität eines Stammes. Es müssen die 4 Drahtabstände des zweiten Gliedes von Gl. (17a) in Abhängigkeit vom Winkel ϑ_1 berechnet werden. Aus Abb. 19 liest man ab:

$$\overline{Mp_1}^2 = (r_1 + r\cos\vartheta_1)^2 + (r\sin\vartheta_1)^2 = r_1^2 + r^2 + 2r_1 r\cos\vartheta_1 \tag{a}$$

und

$$\overline{p_1 p_1'} = \overline{Mp_1'} - \overline{Mp_1} = \frac{r_m^2}{\overline{Mp_1}} - \overline{Mp_1} = \frac{r_m^2 - \overline{Mp_1}^2}{\overline{Mp_1}}$$

und daher

$$\overline{p_1 p_1'}\; \overline{n_1 n_1'} = \frac{r_m^2 - \overline{Mp_1}^2}{\overline{Mp_1}}\; \frac{r_m^2 - \overline{Mn_1}^2}{\overline{Mn_1}} = \frac{r_m^4 - r_m^2(\overline{Mp_1}^2 + \overline{Mn_1}^2) + \overline{Mp_1}^2\, \overline{Mn_1}^2}{\overline{Mp_1}\; \overline{Mn_1}}.$$

Andererseits ist aus Abb. 19 nach dem Cosinussatz:

$$4\,r^2 = \overline{M\,n_1}^2 + \overline{M\,p_1}^2 - 2\,\overline{M\,n_1}\;\overline{M\,p_1}\cos\mu\,. \tag{c}$$

Den Wert für $\overline{M\,n_1}^2$ erhält man, indem man in $\overline{M\,p_1}^2$ den Winkel ϑ_1 durch $\vartheta_1 + \pi$ ersetzt, d. h., indem man dem Gliede mit $\cos\vartheta_1$ ein negatives Vorzeichen gibt. Es ist daher nach (a)

$$\overline{M\,p_1}^2 + \overline{M\,n_1}^2 = 2\,(r_1^2 + r^2)$$

und demnach nach (c)

$$\cos\mu = \frac{r_1^2 - r^2}{\overline{M\,n_1}\;\overline{M\,p_1}}\,. \tag{d}$$

Durch nochmalige Anwendung des Cosinussatzes in Abb. 19 erhält man:

$$\overline{p_1'\,n_1}^2 = \overline{M\,n_1}^2 + \overline{M\,p_1'}^2 - 2\,\overline{M\,n_1}\;\overline{M\,p_1'}\cos\mu$$

$$= \frac{1}{\overline{M\,p_1}^2}\left[\overline{M\,p_1}^2\;\overline{M\,n_1}^2 + r_m^4 - 2\,r_m^2\,(r_1^2 - r^2)\right]$$

und

$$\overline{p_1\,n_1'}^2 = \frac{1}{\overline{M\,n_1}^2}\left[\overline{M\,n_1}^2\;\overline{M\,p_1}^2 + r_m^4 - 2\,r_m^2\,(r_1^2 - r^2)\right]\,.$$

Für das zweite Glied aus Gl. (17a) erhält man daher:

$$\ln\frac{\overline{p_1'\,p_1}\;\overline{n_1'\,n_1}}{\overline{p_1'\,n_1}\;\overline{n_1'\,p_1}} = \ln\frac{r_m^4 + \overline{M\,p_1}^2\;\overline{M\,n_1}^2 - 2\,r_m^2\,(r_1^2 + r^2)}{r_m^4 + \overline{M\,p_1}^2\;\overline{M\,n_1}^2 - 2\,r_m^2\,(r_1^2 - r^2)} \tag{e}$$

mit

$$\overline{M\,p_1}^2\;\overline{M\,n_1}^2 = (r_1^2 + r^2)^2 - 4\,r_1^2\,r^2\cos^2\vartheta_1 = r_1^4 + r^4 - 2\,r_1^2\,r^2\cos 2\,\vartheta_1\,. \tag{f}$$

II. Die Berechnung des Nebensprechens aus den Kopplungen.

§ 12. Grundbegriffe.

In dem vorhergehenden Teil I war die Frage behandelt worden, wie man aus der Lage der Drähte in einer Querschnittsebene die Kopplungen zwischen den einzelnen Leitungen berechnet. Im besonderen handelt es sich hier um die Berechnung der elektrischen und der magnetischen Gegeninduktivitäten und der gegenseitigen Kapazitäten sowie um die Selbstinduktivitäten und Kapazitäten der Leitungen. Läßt sich die Drahtlage als Funktion der Länge angeben, wie es bei den Sternviererkabeln und den Doppeldrehkreuzlinien der Fall ist, so erhält man auf diese Weise den Kopplungsverlauf über die Länge. Wir wollen jetzt den zweiten Teil unserer Aufgabe in Angriff nehmen, nämlich aus der gegebenen Kopplungsverteilung die Spannung am Anfang und am Ende der gestörten Leitung, d. h. das Nahnebensprechen und das Fernnebensprechen zu berechnen.

4 Klein, Nebensprechen.

Diese Größen seien an Hand der Abb. 20 definiert[1]. Die Abbildung zeigt die störende Leitung 1 und die gestörte Leitung 2; die übrigen, die sog. dritten Leitungen, sind nicht eingezeichnet. Leitung 1 und 2 seien mit ihren Wellenwiderständen Z_1 bzw. Z_2 abgeschlossen. Man bezeichnet die Spannung U_{20} am sendernahen Ende der gestörten Leitung als *Nahnebensprechspannung*, die Spannung U_{2l} am senderfernen Ende als *Fernnebensprechspannung* und definiert:

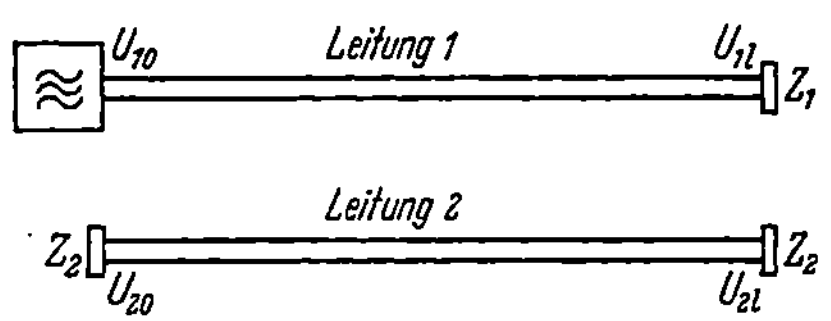

Abb. 20. Zur Definition des Nah- und Fernnebensprechens.

$$\text{Nahnebensprechen} \qquad N_{12} = \frac{U_{20}}{U_{10}}\sqrt{\frac{Z_1}{Z_2}}, \qquad (1)$$

$$\text{Fernnebensprechen} \qquad F_{12} = \frac{U_{2l}}{U_{1l}}\sqrt{\frac{Z_1}{Z_2}}. \qquad (2)$$

Beim Fernnebensprechen wird also die Spannung nicht wie früher in der Niederfrequenztechnik auf die Senderspannung U_{10} bezogen, sondern auf die Spannung U_{1l} am Ende der störenden Leitung. Das ist durch die Meßtechnik bedingt und außerdem werden die Formeln etwas einfacher.

In der Praxis verwendet man statt der durch Gl. (1) und Gl. (2) definierten Größen die entsprechenden *Nebensprechdämpfungen*

$$b_N \equiv -\ln|N_{12}| = \ln\left|\frac{U_{10}}{U_{20}}\sqrt{\frac{Z_2}{Z_1}}\right| \quad \text{bzw.} \quad b_F \equiv -\ln|F_{12}| = \ln\left|\frac{U_{1l}}{U_{2l}}\sqrt{\frac{Z_2}{Z_1}}\right|.$$

Für theoretische Betrachtungen ist jedoch die Bildung des Logarithmus unbequem und unnötig, so daß wir darauf verzichten.

Nach Gl. (1) und Gl. (2) ist das Nahnebensprechen und das Fernnebensprechen die Wurzel aus dem Quotienten zweier Scheinleistungen. Um Schreibarbeit zu sparen, führt man daher zweckmäßigerweise eine *normierte Schreibweise* ein:

$$u_k = \frac{U_k}{\sqrt{Z_k}}; \qquad i_k = I_k\sqrt{Z_k}. \qquad (3)$$

Die Größen u_k und i_k haben beide die gleiche Dimension, nämlich die Wurzel aus einer Scheinleistung. Wir wollen sie trotzdem als „normierte Spannung" bzw. „normierten Strom" bezeichnen.

Bei Trägerfrequenzleitungen ist in der Regel das Nahnebensprechen wesentlich größer als das Fernnebensprechen. Das hat zur Folge, daß man im Betrieb unter allen Umständen den Fall des Nahnebensprechens vermeidet. Durch Reflexionsstellen (ungenügende Anpassung des Ab-

---

[1] Es sei von jetzt an sinusförmige Zeitabhängigkeit von Strom und Spannung vorausgesetzt, so daß die komplexe Schreibweise verwendet wird.

schlußwiderstandes an den Wellenwiderstand oder durch Sprünge des Wellenwiderstandes) kann aber die Richtung der Wellen umgekehrt werden und dadurch auch durch Nahnebensprechen Energie an das ferne Ende der gestörten Leitung kommen. Es entsteht dann also Fernnebensprechen durch Reflexionen und Nahnebensprechen. Diesen Anteil des Fernnebensprechens wollen wir hier nicht betrachten, denn man kann bei den Messungen und im Betrieb die Anpassung so gut machen, daß er keine nennenswerte Rolle spielt. Ebenso wollen wir voraussetzen, daß die Wellenwiderstandssprünge, die bei den verseilten Leitungen z.B. durch ungleiche Drahtabstände und ungleichmäßiges Dielektrikum hervorgerufen werden können, zu vernachlässigen sind.

§ 13. Die verallgemeinerten Telegraphengleichungen.

Die gegenseitige Beeinflussung in einem Bündel von z Leitungen wird durch das elektrische und das magnetische Feld hervorgerufen. Wir hatten in § 5 gefunden, daß sich in einem Längenelement der Länge dx diese Zusammenhänge durch zwei Matrizengleichungen (5.9) und (5.9a) ausdrücken lassen, die sich bei sinusförmigem Zeitverlauf, also bei Verwendung der komplexen Schreibweise und bei Vernachlässigung der Verluste folgendermaßen schreiben lassen[1]:

$$\left.\begin{aligned} U &= K\,Q, \\ \Phi &= L\,I. \end{aligned}\right\} \tag{1}$$

Dabei sind also die z-reihigen Matrizen K und L aus der Lage der einzelnen Drähte im Querschnitt und aus der Zusammenfassung dieser Drähte zu Leitungen berechenbar, wie in den §§ 3 bis 9 im einzelnen angegeben.

Jede der beiden Matrizengleichungen (1) stellt z Gleichungen dar. Wir schreiben davon die für die k-te Leitung geltenden beiden auf:

$$\left.\begin{aligned} U_k &= K_{1k}Q_1 + K_{2k}Q_2 + \cdots K_k Q_k + \cdots K_{zk}Q_z \\ \Phi_k &= L_{1k}I_1 + L_{2k}I_2 + \cdots L_k I_k + \cdots L_{zk}I_z \end{aligned}\right\} \tag{1a}$$

$$k = 1 \ldots z.$$

Zwischen den 4 Größen U, Q, Φ und I bestehen außerdem noch zwei Gleichungen, die für die k-te Leitung folgendermaßen lauten:

$$\frac{dU_k}{dx} = -j\,\omega\,\Phi_k; \qquad \frac{dI_k}{dx} = -j\,\omega\,Q_k. \tag{2}$$

---

[1] Der Index L, der andeuten soll, daß es sich um „Leitungs"größen und nicht um „Draht"größen handelt, wird in Zukunft als selbstverständlich weggelassen.

4*

Die erste der beiden Gleichungen ist das Induktionsgesetz: die induzierte Spannung auf der Leitung k ist gleich der zeitlichen Abnahme des Magnetflusses. Die zweite Gleichung ist das Kontinuitätsgesetz der elektrischen Ladungen: die Änderung des Leitungsstroms längs der Leitung ist durch die zeitliche Abnahme der Leitungsladung gegeben.

Wäre die Leitung k nicht mit den übrigen gekoppelt, so wäre nach Gl. (1a) $U_k = K_k Q_k$ und $\Phi_k = L_k I_k$ und man erhielte aus Gl. (2) mit $K_k = 1/C_k$ die bekannten beiden Telegraphengleichungen der verlustfreien Einzelleitung. In unserem Fall der gekoppelten Leitungen ergibt sich jedoch durch Einsetzen von Gl. (2) in Gl. (1a)

$$- U_k = \frac{1}{j\,\omega}\left(K_{1k}\frac{dI_1}{dx} + K_{2k}\frac{dI_2}{dx} + \cdots K_k\frac{dI_k}{dx} + \cdots K_{zk}\frac{dI_z}{dx}\right) \qquad (3\,\text{a})$$

$$- \frac{dU_k}{dx} = j\,\omega\,(L_{1k} I_1 + L_{2k} I_2 + \cdots L_k I_k + \cdots L_{zk} I_z). \qquad (3\,\text{b})$$

Diese zweimal z Gleichungen sind die *Grundgleichungen der Nebensprechtheorie* oder die *verallgemeinerten Telegraphengleichungen*. Das zweite Gleichungssystem (3b) sagt sehr anschaulich aus, daß der Abfall der Spannung U_k in dem Längenelement dx durch den induktiven Spannungsabfall $I_k\,j\,\omega\,L_k\,dx$ hervorgerufen wird, daß aber dazu noch die durch die Ströme in den übrigen Leitungen induzierten Spannungen $I_1\,j\,\omega\,L_{1k}\,dx$, $I_2\,j\,\omega\,L_{2k}\,dx$ usw. kommen. Das erste Gleichungssystem (3a) dagegen leuchtet nicht unmittelbar ein. Das kommt daher, daß der Begriff der elektrischen Induktivität ungewohnt ist.

In Matrizenschreibweise lauten die beiden Systeme:

$$- U = \frac{1}{j\,\omega}\,K\,\frac{dI}{dx}, \qquad (3\,\text{c})$$

$$- \frac{dU}{dx} = j\,\omega\,L\,I. \qquad (3\,\text{d})$$

Insgesamt gibt es $2\,z$ solcher Gleichungen (3a) und (3b). Sie enthalten $2\,z$ Unbekannte: $U_1 \ldots U_z$ und $I_1 \ldots I_z$, so daß eine Lösung des Problems möglich ist.

§ 14. Ungekreuzte Paralleldrahtleitungen.

Die Lösung dieser beiden Systeme von Differentialgleichungen ist so verwickelt, daß es nicht möglich ist, sie in voller Allgemeinheit zu behandeln. Wir machen daher einige einschränkende Voraussetzungen, die aber so beschaffen sein müssen, daß dadurch beim Endergebnis keine praktisch interessierenden Eigenschaften verlorengehen.

Wir setzen erstens voraus, daß es sich um Leitungen mit vernachlässigbarer innerer Induktivität, also um sog. ideale Leitungen handelt, bei denen zwischen den elektrischen und den magnetischen Leitungsinduktivitäten dieselbe Gl. (3.11) wie für die Drahtinduktivitäten gilt:

$$L_{ik} = K_{ik}/v^2.\tag{1}$$

Außerdem betrachten wir zunächst ungekreuzte Paralleldrahtleitungen, bei denen die L und K unabhängig von x sind. Diese zweite Voraussetzung werden wir jedoch später (im § 15) fallen lassen.

Damit vereinfacht sich die Rechnung außerordentlich. Denn durch Differenzieren der Gl. (13.3b) nach x werden die rechten Seiten von Gl. (13.3a) und von der differenzierten Gl. (13,3b) einander proportional, d.h. es fallen die Ströme I heraus und wir erhalten für die Spannung der Leitung k folgende Differentialgleichung 2. Ordnung mit konstanten Koeffizienten:

$$\frac{d^2 U_k}{d x^2} + \frac{\omega^2}{v^2} U_k = 0\tag{2}$$

mit der allgemeinen Lösung

$$U_k = A_k e^{-\gamma x} + B_k e^{+\gamma x}.\tag{3}$$

A_k und B_k sind Integrationskonstanten, die noch bestimmt werden müssen; γ ergibt sich durch Einsetzen von Gl. (3) in Gl. (2) zu:

$$\gamma = j\frac{\omega}{v}\cdot\tag{4}$$

Das Ergebnis ist also, daß es auf jeder Leitung eine vorwärtslaufende und eine rückwärtslaufende Spannungswelle gibt. Das kilometrische Übertragungsmaß sämtlicher Wellen ist das gleiche, nämlich γ, die Fortpflanzungsgeschwindigkeit ist auf allen Leitungen gleich v.

Nach Gl. (4) hat sich γ rein imaginär ergeben. Das bedeutet, daß die Wellen auf den Leitungen nur phasengedreht, aber nicht gedämpft werden. Dieses Ergebnis, das der Erfahrung bekanntlich widerspricht, ist darauf zurückzuführen, daß wir in Gl. (13.2) den Leitungswiderstand und die Ableitung nicht berücksichtigt haben. Es zeigt sich, daß man das für den Übergang der Energie von einer Leitung auf eine andere näherungsweise tun darf, nicht jedoch für die Wellenausbreitung längs der Leitungen. Man kann eine gute Annäherung an die tatsächlichen Verhältnisse erreichen, wenn man sich an die Regel hält, daß γ rein imaginär nach Gl. (4) zu nehmen ist, wenn es als Faktor in den Formeln auftritt, daß jedoch als Realteil die kilometrische Leitungsdämpfung hinzugefügt werden muß, wenn es im Exponenten steht.

Wir setzen nun die Gl. (3) in Gl. (13.3b) ein und erhalten die Ströme auf sämtlichen z Leitungen aus einem System von z Gleichungen, von denen wir hier nur die k-te aufschreiben:

$$L_{1k} I_1 + L_{2k} I_2 + \cdots L_k I_k + \cdots L_{zk} I_z = \frac{1}{v}(A_k e^{-\gamma x} - B_k e^{+\gamma x}).\tag{5}$$

Aus diesen z linearen Gleichungen können wir die z Ströme berechnen; sie enthalten noch die $2\,z$ Integrationskonstanten A_k und B_k. Diese bestimmt man aus den Grenzbedingungen am Anfang und Ende jeder Leitung auf folgende Weise: Alle Leitungen seien an beiden Enden mit ihren Wellenwiderständen $Z_k = \sqrt{L_k K_k}$ abgeschlossen. Es gilt daher mit den Bezeichnungen und den Richtungspfeilen der Abb. 21 nach dem OHMschen Gesetz:

$$U_{kl} = I_{kl} Z_k \qquad (k = 1 \ldots z)\,, \qquad\qquad (6)$$

$$U_{k0} = -I_{k0} Z_k \qquad (k = 2 \ldots z)\,. \qquad\qquad (7)$$

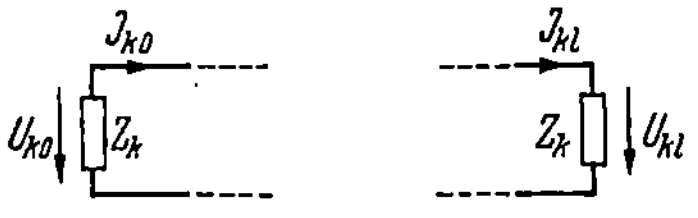

Abb. 21. Vorzeichenfestsetzung am Anfang und am Ende der Leitung k.

Dabei ist darauf hinzuweisen, daß Gl. (7) nicht für die Leitung 1 gilt; denn die Spannung U_{10} ist dem Anfang der Leitung 1 aufgeprägt.

Die Durchführung dieser Rechnung, insbesondere die Bestimmung der Konstanten A_k und B_k ist jedoch schon bei wenigen Leitungen außerordentlich verwickelt. Es handelt sich dabei um ein entsprechendes Problem, wie wir es bereits bei der Kopplungsberechnung in § 7 kennengelernt haben. Dort war eine Näherungsrechnung [Gl. (7.1 a) bis Gl. (7,1 c)] dadurch möglich geworden, daß in der K_L-Matrix die Elemente der Hauptdiagonale wesentlich größer als die übrigen Elemente sind, weil die Gegeninduktivitäten der Leitungen bei der angenommenen losen Kopplung sehr klein gegenüber den Selbstinduktivitäten sind. Auf der gleichen Tatsache läßt sich natürlich auch hier ein Näherungsverfahren aufbauen. Es ist jedoch nicht notwendig, ein solches formales Verfahren zu suchen, da sich aus einer physikalischen Überlegung sofort eine einfache Näherungsrechnung anbietet. Sie besteht darin, daß man die Anteile des Nebensprechens, die nacheinander über zwei und mehr dritte Leitungen zustande kommen, vernachlässigt, also z. B. die Anteile $1 \to 3 \to 4 \to 2$, aber auch natürlich die Anteile $1 \to 2 \to 1 \to 2$ oder $1 \to 2 \to 3 \to 2$. Das bedeutet, daß man u. a. in jedem Fall die Rückwirkung der gestörten Leitung auf die störende vernachlässigt. Ist z. B. bei zwei Leitungen die Spannung auf der gestörten Leitung $1/100$ der der störenden, so entsteht auf der störenden Leitung eine Gegenspannung von $1/100$ der Störspannung, d. h. von $1/10\,000$ der ursprünglichen Spannung. Die Vernachlässigung dieser Rückwirkungsspannung ist bei allen Nebensprecherscheinungen mit sehr großer Genauigkeit zulässig[1].

---

[1] Eine wesentliche Rolle spielt dagegen diese Rückwirkung z. B. bei den Absorptionsspitzen auf Freileitungen (vgl. [27]).

Das Nebensprechen auf der Leitung 2 besteht also unter der Voraussetzung, daß die Anteile über zwei und mehr aufeinderfolgende dritte Leitungen vernachlässigbar sind, aus folgenden Anteilen: $1 \to 2$, $1 \to 3 \to 2$, $1 \to 4 \to 2$, $1 \to 5 \to 2$, ... Bei z Leitungen gibt es demnach *einen* unmittelbaren Anteil $1 \to 2$ und $z - 2$ mittelbare Anteile des Nebensprechens über *je eine* dritte Leitung.

Der Rechnungsgang ist damit folgender: Es ist nicht mehr notwendig, alle z Gleichungen gleichzeitig zu behandeln; man berechnet vielmehr zunächst den Spannungs- und Stromverlauf auf der störenden Leitung 1, so als ob die übrigen Leitungen nicht da wären. Als nächstes berechnet man die Beeinflussung einer der „dritten" Leitungen durch die Leitung 1, jedoch so, als ob nur Leitung 1 und die beeinflußte Leitung da wäre. Schließlich rechnet man die Beeinflussung der gestörten Leitung 2 aus, in der man das Nah- oder das Fernnebensprechen kennenlernen will, und zwar wieder so, als ob außer ihr nur die störende Leitung 1 und die dritte Leitung vorhanden wäre. Entsprechend werden die über die übrigen „dritten" Leitungen zustandekommenden Anteile berechnet und alle diese Anteile addiert.

a) Das Nebensprechen bei zwei Leitungen. Wir behandeln also zunächst den einfachsten Fall, daß das Bündel nur aus zwei Leitungen besteht. Die störende Leitung sei mit 1, die gestörte Leitung (mit Rücksicht auf spätere Rechnungen) mit 3 bezeichnet.

Auf der Leitung 1 erhalten wir wegen der Anpassung am Ende und der Vernachlässigung der Rückwirkung der gestörten Leitung nur *eine* Welle:

$$U_1 = U_{10}\, e^{-\gamma x}; \quad I_1 = \frac{U_{10}}{Z_1}\, e^{-\gamma x}. \tag{8}$$

Gl. (3) und Gl. (5) ergibt für $k = 3$:

$$U_3 = A_3\, e^{-\gamma x} + B_3\, e^{+\gamma x}, \tag{9a}$$

$$L_{13}\, I_1 + L_3\, I_3 = \frac{1}{v}\left(A_3\, e^{-\gamma x} - B_3\, e^{+\gamma x}\right). \tag{9b}$$

Hierin ist I_1 durch Gl. (8) gegeben. I_3 und U_3 sind gesucht, A_3 und B_3 ergeben sich aus den Grenzbedingungen Gl. (6) und Gl. (7) für $x = 0$ und $x = l$. Am Anfang der Leitung für $x = 0$ muß $U_{30} = -I_{30}\, Z_3$ sein. Setzt man das in Gl. (9a) und Gl. (9b) ein, so erhält man unter Berücksichtigung der Tatsache, daß bei Vernachlässigung der inneren Induktivität nach Gl. (3.11)

$$Z_k = \sqrt{L_k K_k} = v L_k = (1/v)\, K_k \tag{9c}$$

ist:

$$A_3 = \tfrac{1}{2} U_{10} \frac{L_{13}}{L_1}.$$

Andererseits ist für $x = l$ nach Gl. (6) $U_{3l} = I_{3l} Z_3$. Damit wird aus Gl. (9):

$$B_3 = - \tfrac{1}{2} U_{10} \frac{L_{13}}{L_1} \cdot e^{-2\gamma l}.$$

Durch Einsetzen in Gl. (9a) und Gl. (9b) erhält man die endgültige Lösung:

$$U_3 = U_{10} e^{-\gamma x} \frac{L_{13}}{2 L_1} \cdot (1 - e^{-2\gamma(l-x)}) = - I_3 Z_3 \qquad (10)$$

oder unter Verwendung der normierten Spannungen und Ströme

$$u = U / \sqrt{\overline{Z}} \quad \text{bzw.} \quad i = I \sqrt{\overline{Z}}$$

und des Kopplungsfaktors

$$\varkappa_{13} = \frac{L_{13}}{\sqrt{L_1 L_3}} = \frac{K_{13}}{\sqrt{K_1 K_3}} : \qquad (11)$$

$$u_3 = - i_3 = u_{10} e^{-\gamma x} \frac{\varkappa_{13}}{2} (1 - e^{-2\gamma(l-x)}). \qquad (10a)$$

b) Das Nebensprechen bei drei Leitungen. Die störende Leitung sei mit 1, die gestörte Leitung mit 2 und die dritte Leitung mit 3 bezeichnet. Die Leitung 2 wird sowohl durch Leitung 1 wie durch Leitung 3 beeinflußt. Da die Rückwirkung auf die jeweils störende Leitung vernachlässigt werden soll, können wir die Ströme und Spannungen auf 1 nach Gl. (8) und auf 3 nach Gl. (10) als gegeben ansehen. Aus Gl. (3) und Gl. (5) ergibt sich für $k = 2$:

$$U_2 = A_2 e^{-\gamma x} + B_2 e^{+\gamma x}, \qquad (12a)$$

$$L_{12} I_1 + L_2 I_2 + L_{32} I_3 = \frac{1}{v} (A_2 e^{-\gamma x} - B_2 e^{+\gamma x}). \qquad (12b)$$

Setzen wir hierin I_1 nach Gl. (8) und I_3 nach Gl. (10) ein, so können wir wie oben bei den zwei Leitungen aus den beiden Grenzbedingungen Gl. (6) und Gl. (7) für $x = 0$ und $x = l$ die beiden Integrationskonstanten A_2 und B_2 bestimmen. Wir geben hier nur das Endergebnis an, von dessen Richtigkeit man sich rasch durch Einsetzen in Gl. (12) und Gl. (6) und Gl. (7) überzeugen kann:

$$U_2 = U_{10} e^{-\gamma x} \left[\frac{L_{12}}{2 L_1} (1 - e^{-2\gamma(l-x)}) - \frac{L_{13} L_{32}}{4 L_1 L_3} (1 - e^{-2\gamma l}) \right], \qquad (13a)$$

$$I_2 Z_2 = U_{10} e^{-\gamma x} \left[\left(\frac{L_{13} L_{32}}{2 L_1 L_3} - \frac{L_{12}}{2 L_1} \right) (1 - e^{-2\gamma(l-x)}) \left. - \frac{L_{13} L_{32}}{4 L_1 L_3} (1 - e^{-2\gamma l}) \right], \right\} \qquad (13b)$$

oder mit Verwendung der normierten Größen

$$u_2 = u_{10}\,e^{-\gamma x}\left[\frac{\varkappa_{12}}{2}\left(1 - e^{-2\gamma(l-x)}\right) - \frac{\varkappa_{13}\varkappa_{32}}{4}\left(1 - e^{-2\gamma l}\right)\right], \tag{14 a}$$

$$i_2 = u_{10}\,e^{-\gamma x}\left[-\tfrac{1}{2}\left(\varkappa_{12} - \varkappa_{13}\varkappa_{32}\right)\left(1 - e^{-2\gamma(l-x)}\right) - \frac{\varkappa_{13}\varkappa_{32}}{4}\left(1 - e^{-2\gamma l}\right)\right]. \tag{14 b}$$

Das ist der Spannungs- und Stromverlauf über die ganze Leitung 2, die von der Leitung 1 unmittelbar und von der Leitung 3 mittelbar beeinflußt wird. Praktisch hat vor allem die Spannung am Ende und am Anfang der Leitung, d.h. das Fernnebensprechen und das Nahnebensprechen Interesse. Wir erhalten dafür aus Gl.(14a)

Fernnebensprechen:
$$F_{12} \equiv \frac{u_2\,l}{u_1\,l} = -\frac{\varkappa_{13}\varkappa_{32}}{4}\left(1 - e^{-2\gamma l}\right), \tag{15 a}$$

Nahnebensprechen:
$$N_{12} \equiv \frac{u_{20}}{u_{10}} = \left(\frac{\varkappa_{12}}{2} - \frac{\varkappa_{13}\varkappa_{32}}{4}\right)\left(1 - e^{-2\gamma l}\right). \tag{15 b}$$

Man kann aus diesen beiden Gleichungen auch das Fernnebensprechen und Nahnebensprechen eines einzelnen Längenelements der Länge dx erhalten, wenn man mit $\gamma l \ll 1$ für $1 - e^{-2\gamma l} \approx 2\gamma l = 2\gamma dx$ setzt:

$$\frac{d u_2\,l}{u_1\,l} = -\frac{\varkappa_{13}\varkappa_{32}}{2}\,\gamma\,d x, \tag{17 a}$$

$$\frac{d u_{20}}{u_{10}} = \left(\varkappa_{12} - \frac{\varkappa_{13}\varkappa_{32}}{2}\right)\gamma\,d x. \tag{17 b}$$

c) Das Nebensprechen bei vier und mehr Leitungen. Die Berechnung des Nebensprechens in Bündeln von vier und mehr Leitungen bietet bei Vernachlässigung der Rückwirkung keinerlei zusätzliche Schwierigkeiten. Man berechnet zunächst Spannungen und Ströme auf sämtlichen „dritten" Leitungen 3, 4, 5 usw. nach Gl.(10); das Nebensprechen auf Leitung 2 ist dann die Summe aller Beeinflussungen der Leitungen 1, 3, 4, 5 usw. Das bedeutet, daß man statt Gl.(15a) und Gl.(15b) erhält

Fernnebensprechen:

$$\frac{u_2\,l}{u_1\,l} = -\tfrac{1}{4}\left(\varkappa_{13}\varkappa_{32} + \varkappa_{14}\varkappa_{42} + \varkappa_{15}\varkappa_{52} + \cdots\right)\left(1 - e^{-2\gamma l}\right), \tag{18 a}$$

Nahnebensprechen:

$$\frac{u_{20}}{u_{10}} = \left(\frac{\varkappa_{12}}{2} - \frac{\varkappa_{13}\varkappa_{32}}{4} - \frac{\varkappa_{14}\varkappa_{42}}{4} - \frac{\varkappa_{15}\varkappa_{52}}{4} - \cdots\right)\left(1 - e^{-2\gamma l}\right). \tag{18 b}$$

Die beiden Gl. (18a) und (18b) stellen das Endergebnis für das Nebensprechen in einem Bündel von idealen Paralleldrahtleitungen dar, die sämtlich mit ihren Wellenwiderständen abgeschlossen sind. Sie bestehen beide aus einem konstanten Faktor, der die Kopplungsfaktoren enthält und aus dem Faktor $(1 - e^{-2\gamma l})$. Es ist wichtig, zu bedenken, daß die Kopplungsfaktoren sehr kleine Zahlen sind (vgl. weiter unten das Zahlenbeispiel). Dadurch wird die Größe des Nahnebensprechens in der Regel durch das Glied $\frac{1}{2}\varkappa_{12}$ bestimmt[1], während dann die übrigen Glieder demgegenüber zu vernachlässigen sind. Diese beim Nahnebensprechen zu vernachlässigenden Glieder haben aber gerade dieselbe Größe wie das Fernnebensprechen, so daß sich die praktisch außerordentlich bedeutsame Folgerung ergibt, daß das Fernnebensprechen in der Regel wesentlich kleiner als das Nahnebensprechen ist. Das hat zur Folge, daß man es in allen Fällen betrieblich so einrichtet, daß nur Fernnebensprechen, aber nie Nahnebensprechen als Störquelle wirksam wird. Auf die hieraus sich ergebenden Notwendigkeiten für den Einsatz von Trägerfrequenzgeräten soll hier nicht näher eingegangen werden, da das an anderer Stelle geschehen ist [32].

Die Abhängigkeit des Nebensprechens von der Frequenz und der Leitungslänge steckt in dem Faktor $(1 - e^{-2\gamma l})$, wobei

$$\gamma\,l = \alpha\,l + j\,\frac{\omega}{v}\,l = \alpha\,l + j\,\frac{2\,\pi\,l}{\lambda}$$

ist (α = kilometrische Dämpfung, λ = Wellenlänge). Wir betrachten zunächst den Fall kurzer Leitungslänge, wo man $\alpha\,l$ vernachlässigen kann. Dort ist

$$(1 - e^{-2\gamma l}) \approx 1 - e^{-2j\frac{\omega}{v}l} = 1 - \cos 2\,\frac{\omega}{v}\,l + j\sin 2\,\frac{\omega}{v}\,l\,.$$

Es interessiert davon vor allem der Betrag:

$$\left|1 - e^{-2\gamma l}\right| \approx \sqrt{\left(1 - \cos 2\,\frac{\omega}{v}\,l\right)^2 + \left(\sin 2\,\frac{\omega}{v}\,l\right)^2} = \sqrt{2 - 2\cos\left(\pi\,\frac{l}{\lambda/4}\right)}\,.$$

Man erkennt daraus, daß der Faktor verschwindet, wenn die Leitungslänge l gleich der halben, ganzen usw. Wellenlänge ist. Bei $l = \frac{1}{4}\lambda$,

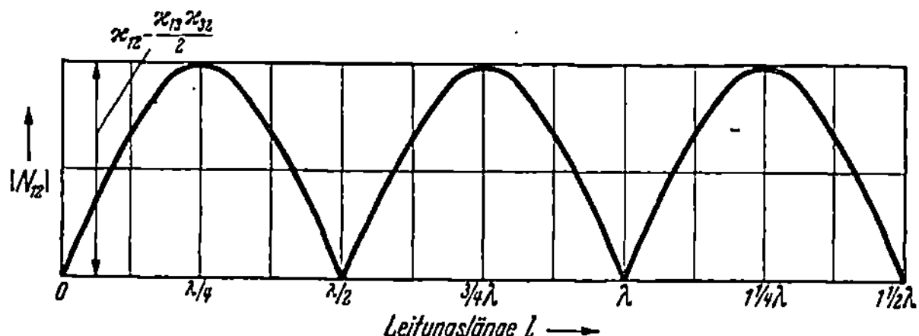

Abb. 22. Das Nahnebensprechen bei Paralleldrahtleitungen *ohne* Dämpfung.

$\frac{3}{4}\lambda$ usw. bekommt er ein Maximum von der Größe 2. Abb. 22 zeigt die Abhängigkeit des Nahnebensprechens von l in Einheiten der Wellenlänge λ. Die Abhängigkeit von der Frequenz ω ist die gleiche.

---

[1] Sofern nicht durch eine besondere Anordnung der Drähte auch $\varkappa_{12}$ sehr klein ist.

Bei großen Längen l muß man das Glied αl, die Dämpfung, berücksichtigen. Es ist dann $e^{-2\gamma l} = e^{-2\alpha l} e^{-2 j\frac{\omega}{v} l}$. Man erhält daher für größere l die Abhängigkeit Abb. 23. Für Leitungen mit sehr hoher Gesamtdämpfung (z. B. αl größer als 2 Neper) nähert sich der Faktor $(1 - e^{-2\gamma l})$ dem Wert 1, weil dann das Exponentialglied zu vernachlässigen ist. Das bedeutet also, daß für lange Paralleldrahtleitungen sowohl das Nahnebensprechen wie das Fernnebensprechen unabhängig von der Leitungslänge und außerdem frequenzunabhängig ist.

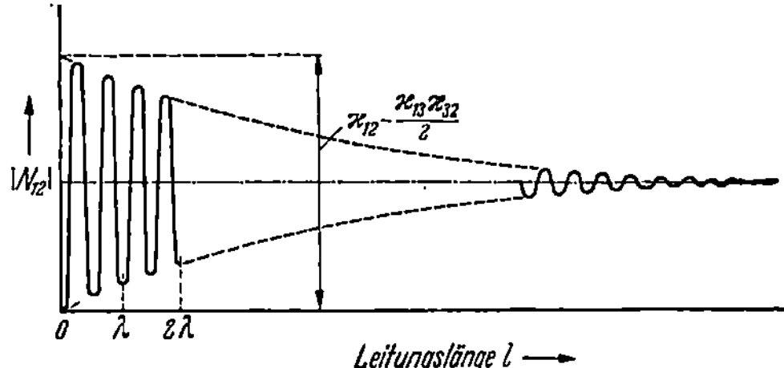

Abb. 23. Das Nahnebensprechen bei Paralleldrahtleitungen *mit* Dämpfung.

d) Anschauliche Ableitung der Ergebnisse. Die oben abgeleiteten Gleichungen wurden durch formale Rechnung gewonnen. Es ist aber unbedingt erforderlich, sich nachträglich die physikalische Aussage dieser Ergebnisse an Hand von Ersatzbildern klarzumachen, weil man nur so zu einer physikalischen Anschauung über den Entstehungsmechanismus des Nebensprechens kommt, ohne die z.B. die Klärung auffallender neuer Erscheinungen bei Versuchsergebnissen nicht möglich ist. Andererseits ist es bedenklich, die Gleichungen allein aus diesen Ersatzbildern herzuleiten, ohne sie durch die exakte Rechnung zu kontrollieren, denn man kann dadurch sehr leicht, wie wir sehen werden, zu falschen Ergebnissen kommen.

1. Die Beeinflussung des Längenelements. Wir betrachten die Beeinflussung eines Längenelements der gestörten Leitung, das an beiden Enden mit seinem Wellenwiderstand Z_2 abgeschlossen ist. Die *elektrische* Beeinflussung erfolgt nach Abb. 24 so, daß die störende Spannung U_{1x} über den Koppelkondensator $C_{12}\,dx$ einen Strom $U_{1x} j\omega C_{12}\,dx$ in das Längenelement treibt. Da $C_{12}\,dx$ außerordentlich klein ist, wird diese Einströmung durch die Belastung mit den beiden parallelgeschalteten Wellenwiderständen Z_2 praktisch nicht geändert. Die Spannung an jedem der beiden Z_2 ist also $U_{1x}\tfrac{1}{2} Z_2 j\omega C_{12}\,dx$.

Das *Magnet*feld der störenden Leitung 1 erzeugt andererseits über die Gegeninduktivität $L_{12}\,dx$ in dem Längenelement eine Umlaufsspannung $I_{1x} j\omega L_{12}\,dx$ (Abb. 25). Für diese Spannung liegen die beiden Abschlußwiderstände in Reihe, es liegt also an jedem Z_2 die halbe Spannung.

Wenn man noch berücksichtigt, daß die Leitung 1 am Ende angepaßt sein soll, daß also $U_{1x} = Z_1 I_{1x}$ ist, kann man die gesamte Beeinflussung des Längenelements aus der Addition des elektrischen und des magnetischen Anteils erhalten. Aus Abb. 24 und Abb. 25 folgt dabei sofort, daß sich an einem der beiden Z_2 die Spannungen addieren, am anderen sub-

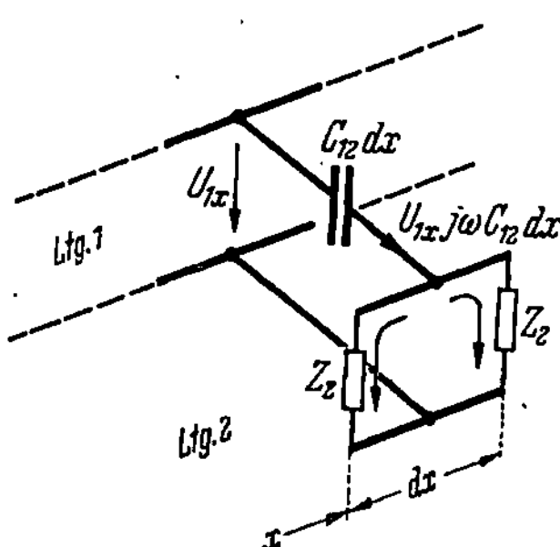

Abb. 24. Elektrische Beeinflussung
eines Längenelementes.

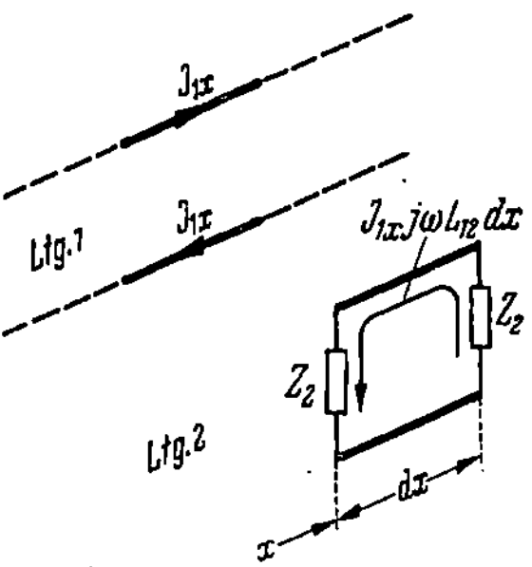

Abb. 25. Magnetische Beeinflussung
eines Längenelementes.

trahieren[1].

$$dU_{2x} = U_{1x}\tfrac{1}{2}Z_2 j\omega C_{12}\,dx + \tfrac{1}{2}\frac{U_{1x}}{Z_1} j\omega L_{12}\,dx$$

oder

$$dU_{2x} = \tfrac{1}{2}U_{1x}Z_2 j\omega\,(C_{12} + L_{12}/Z_1 Z_2)\,dx\,, \tag{19a}$$

$$dU_{2(x+dx)} = \tfrac{1}{2}U_{1x}Z_2 j\omega\,(C_{12} - L_{12}/Z_1 Z_2)\,dx\,. \tag{19b}$$

dU_{2x} liegt am sendernahen Ende des Längenelements, es stellt also die *Nahnebensprechspannung* dar, während $dU_{2(x+dx)}$ die *Fernnebensprechspannung* bedeutet.

Das sind die *Grundgleichungen des Nebensprechens im Längenelement.* In normierter Schreibweise

$$u_{1x} = U_{1x}/\sqrt{Z_1}\,, \quad u_{2x} = U_{2x}/\sqrt{Z_2}\,,$$

mit Einführung der Kopplungsfaktoren [Gl. (11)]

$$c_{12} = C_{12}/\sqrt{C_1 C_2} \quad \text{und} \quad \varkappa_{12} = L_{12}/\sqrt{L_1 L_2}$$

sowie unter der Voraussetzung feldfreier Leiter [Gl. (9c)]

$$Z_1 = vL_1\,, \quad Z_2 = vL_2\,, \quad \gamma = j\frac{\omega}{v}\,;$$

und unter der Voraussetzung loser Kopplung [Gl. (7.1c)]

$$c_{12} = \varkappa_{12} - \varkappa_{13}\varkappa_{32} - \varkappa_{14}\varkappa_{42} - \cdots$$

gehen die Gl. (19a) und (19b) über in:

$$du_{2x} = u_{1x}\left(\varkappa_{12} - \frac{\varkappa_{13}\varkappa_{32}}{2} - \frac{\varkappa_{14}\varkappa_{42}}{2} - \cdots\right)\gamma\,dx\,, \tag{20a}$$

$$du_{2(x+dx)} = -\tfrac{1}{2}u_{1x}(\varkappa_{13}\varkappa_{32} + \varkappa_{14}\varkappa_{42} + \cdots)\gamma\,dx\,. \tag{20b}$$

[1] Die Überlegung, daß die Addition für das nahe Ende, die Subtraktion für das ferne Ende gilt, wollen wir hier übergehen.

Man erhält also mit der anschaulichen Ableitung aus Abb. 24 und Abb. 25 die gleichen Endergebnisse wie aus der formalen Ableitung. Das ist ein Zeichen dafür, daß der Entstehungsmechanismus des Nebensprechens in einem Längenelement durch die Abb. 24 und Abb. 25 richtig wiedergegeben wird.

Sind nur zwei Leitungen vorhanden, dann ist $du_{2\,(x+dx)} = 0$, d. h. ein Fernnebensprechen zwischen nur zwei Leitungen (ein sog. unmittelbares Fernnebensprechen) gibt es nicht. Das liegt daran, daß sich in diesem Fall nach Abb. 24 und Abb. 25 am fernen Ende die vom elektrischen und magnetischen Feld herrührenden Spannungen gerade aufheben. Die wesentliche Voraussetzung hierfür ist allerdings, daß die Leiter feldfrei sind, daß also die Gl. (3.11) bzw. (9 c) gelten.

2. Das Nahnebensprechen bei ungekreuzten Paralleldrahtleitungen. Gleichung (20 a) gibt den Anteil des Nahnebensprechens an, der von der Beeinflussung desjenigen Elements herrührt, das an der Stelle x liegt. Durch Integration über sämtliche Anteile kann man die Spannung u_{20} am Anfang der gestörten Leitung 2 erhalten.

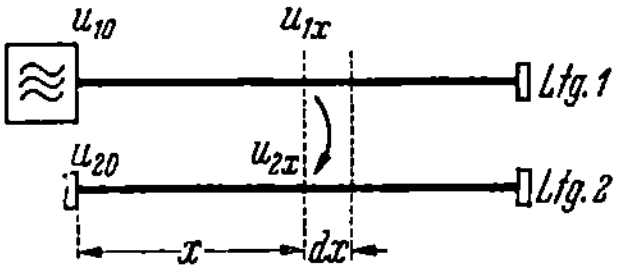

Es ist nach Abb. 26[1], da beide Leitungen angepaßt sind:

Abb. 26. Entstehung des Nahnebensprechens.

$$u_{1x} = u_{10}\, e^{-\gamma x}, \qquad u_{20} = u_{2x}\, e^{-\gamma x}.$$

Der vom Element der Stelle x herrührende Anteil von u_{20} ist daher:

$$d\,u_{20} = u_{10}\left(\varkappa_{12} - \frac{\varkappa_{13}\varkappa_{32}}{2} - \cdots\right) e^{-2\gamma x}\gamma\, d\,x.$$

Durch Summation von $x = 0$ bis l erhalten wir die Gesamtspannung (die Kopplungsfaktoren sind über die Länge konstant, weil wir Paralleldrahtleitungen betrachten):

$$\left.\begin{aligned}
u_{20} &= u_{10}\left(\varkappa_{12} - \frac{\varkappa_{13}\varkappa_{32}}{2} - \cdots\right)\int_{x=0}^{l} e^{-2\gamma x}\gamma\, d\,x \\
&= u_{10}\left(\frac{\varkappa_{12}}{2} - \frac{\varkappa_{13}\varkappa_{32}}{4} - \cdots\right)(1 - e^{-2\gamma l})
\end{aligned}\right\} \qquad \text{(21 a)}$$

in Übereinstimmung mit Gl. (18 b).

3. Das Fernnebensprechen bei ungekreuzten Paralleldrahtleitungen. Da das Nahnebensprechen sich sehr einfach durch Integration über die Länge berechnen ließ, versuchen wir nun dasselbe Verfahren für das

---

[1] In den Abb. 26 und 27 ist die außerdem noch vorhandene dritte Leitung nicht eingezeichnet.

Fernnebensprechen. Wegen $u_{2l} = u_{2(x+dx)}\, e^{-\gamma(l-x)}$ und $u_{1x} = u_{10}\, e^{-\gamma x}$ erhalten wir aus Gl. (20b) nach Abb. 27:

$$du_{2l} = -\tfrac{1}{2}\, u_{10}\, e^{-\gamma x}\,(\varkappa_{13}\varkappa_{32} + \cdots)\, \gamma\, dx\; e^{-\gamma(l-x)}$$

und nach Integration von $x = 0$ bis l und Einsetzen von $u_{10}\, e^{-\gamma l} = u_{1l}$:

$$u_{2l} = -\tfrac{1}{2}\, u_{1l}\,(\varkappa_{13}\varkappa_{32} + \cdots)\, \gamma\, l. \tag{21b}$$

Dieses Ergebnis stimmt überraschenderweise *nicht* mit der sich aus der formalen Rechnung ergebenden Gl. (18a) überein. Das zeigt, daß der in Abb. 27 angenommene Entstehungsmechanismus nicht der richtige sein kann. Wie wir weiter unten (§ 15c) sehen werden, haben wir nämlich auf diese Weise nur einen Teil des Fernnebensprechens, des sog. Quernebensprechens, erfaßt. Man erkennt daraus, wie vorsichtig man mit derartigen

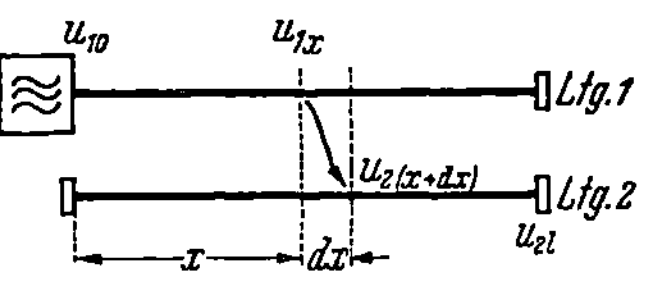

Abb. 27. Entstehung des Quernebensprechens.

„plausiblen" Rechenverfahren sein muß, auch wenn sie in ähnlichen Fällen (wie hier für das Nahnebensprechen) die richtigen Werte ergeben.

§ 15. Beliebige Kopplungsverteilung, dritte Leitungen abgeschlossen.

In vielen Fällen ist bei Paralleldrahtleitungen das Nebensprechen im Vergleich zu den Anforderungen des Betriebes zu schlecht. Als Mittel zur Verbesserung kommen zunächst das *Kreuzen* und das *Verdrillen* der Leitungen in Frage[1]. Beide Verfahren beruhen darauf, daß die Kopplungen längs der Leitungen nicht mehr konstant sind, sondern sich in gesetzmäßiger Weise ändern. Die Untersuchung dieser Frage ist naturgemäß von großer praktischer Bedeutung und stellt daher eine Hauptaufgabe der Nebensprechtheorie dar.

In diesem Abschnitt soll zunächst über die Art der Kopplungsverteilung über die Länge nichts vorausgesetzt werden; sie soll hier eine beliebige Funktion der Länge sein. Im übrigen folgt die Rechnung dem gleichen Schema wie im vorigen Abschnitt für die Paralleldrahtleitungen.

Während wir vordem erst die Ergebnisse in die normierte Schreibweise umgeschrieben haben, wollen wir von jetzt ab von vornherein normiert rechnen.

Wir gehen wieder von den Gl. (13.3a) und (13.3b) aus, nur sind jetzt die L und K Funktionen von x.

Für den Fall *einer* (am Ende reflexionsfrei abgeschlossenen) Leitung

---

[1] Die dritte Möglichkeit zur Verbesserung des Nebensprechens, nämlich der Ausgleich mit Hilfe von Koppelkondensatoren oder auch Widerständen nach Fertigstellung der Linie, interessiert in diesem Zusammenhang nicht.

ändert sich nichts, da die Selbstinduktivitäten konstant sind[1]:

$$u_1 = i_1 = u_{10}\,e^{-\gamma x}. \tag{1}$$

a) Zwei Leitungen. Als nächstes betrachten wir den Fall *zweier* Leitungen mit den Nummern 1 und 3. Wir erhalten dafür aus den Grundgleichungen (13.3a) und (13.3b) mit $\gamma = j\dfrac{\omega}{v}$ und $Z_k = v L_k$:

$$-\frac{1}{\gamma}\frac{d u_3}{d x} = \varkappa_{13}(x)\,i_1 + i_3\,, \tag{2a}$$

$$-\gamma u_3 = \varkappa_{13}(x)\,\frac{d i_1}{d x} + \frac{d i_3}{d x}\,. \tag{2b}$$

Durch Differenzieren von Gl. (2a) nach x und Einsetzen von Gl. (2b) und Gl. (1) wird daraus:

$$\frac{d^2 u_3}{d x^2} - \gamma^2 u_3 = -\gamma u_{10}\frac{d \varkappa_{13}}{d x}e^{-\gamma x} \tag{3}$$

und aus Gl. (2a)

$$i_3 = -\frac{1}{\gamma}\frac{d u_3}{d x} - \varkappa_{13}u_{10}e^{-\gamma x}. \tag{4}$$

Gleichung (3) ist eine Differentialgleichung zweiter Ordnung für u_3 mit Störungsglied (d.h. eine inhomogene Differentialgleichung). Der Unterschied gegenüber den Paralleldrahtleitungen [Gl. (14.2)] besteht (abgesehen von der normierten Schreibweise) darin, daß dort $\dfrac{d \varkappa_{13}}{d x} = 0$ ist, daß also das Störungsglied verschwindet.

Ihre Lösung ist, wie man sich durch Einsetzen überzeugt[2], mit den beiden Integrationskonstanten A_1 und A_2:

$$u_3 = -\gamma u_{10}e^{+\gamma x}\!\int_0^x \varkappa_{13}\,e^{-2\gamma x}d x + A_1 e^{-\gamma x} + A_2 e^{+\gamma x}. \tag{5}$$

Aus Gl. (4) folgt damit für den Strom:

$$i_3 = \gamma u_{10}e^{+\gamma x}\!\int_0^x \varkappa_{13}\,e^{-2\gamma x}d x + A_1 e^{-\gamma x} - A_2 e^{+\gamma x}. \tag{6}$$

Die beiden Konstanten A_1 und A_2 bestimmen wir aus den Grenzbedingungen am Anfang und am Ende der Leitungen. Wenn wir annehmen, daß die dritte Leitung am Anfang und Ende mit ihrem Wellen-

---

[1] Wir lassen von jetzt ab das x im Index von u und i weg.

[2] Wie aus der Theorie der Differentialgleichungen folgt, ist die Lösung der inhomogenen Gl. (3) gleich der Summe aus der der homogenen Gleichung [bei der die rechte Seite von Gl. (3) gleich 0 gesetzt ist] und einer partikulären Lösung. Die Lösung der homogenen Gleichung ist $u_3' = A_1 e^{-\gamma x} + A_2 c^{+\gamma x}$. Man kann daraus die Lösung der Gl. (3) z.B. dadurch finden, daß man A_1 und A_2 als Funktionen von x annimmt und mit diesem Ansatz in Gl. (3) eingeht (Variation der Konstanten). Bequemer ist es in diesem Fall, eine unmittelbare Formel zu nehmen (vgl. z.B. E. Kamke: Gewöhnliche Differentialgleichungen, Leipzig 1944, S. 117).

widerstand abgeschlossen ist, gilt nach Gl. (14.6) und Gl. (14.7) $u_{30} = -i_{30}$ und $u_{3l} = i_{3l}$, und daraus

$$A_1 = 0, \qquad A_2 = \varkappa u_{10} \int_0^l \varkappa_{13}\, e^{-2\gamma x}\, dx. \tag{7}$$

Damit erhalten wir für Strom und Spannung auf der Leitung 3:

$$u_3 = -i_3 = \gamma u_{10}\, e^{+\gamma x} \int_x^l \varkappa_{13}(x)\, e^{-2\gamma x}\, dx. \tag{8}$$

Wir können das Integral allerdings erst auswerten, wenn wir die Abhängigkeit des Kopplungsfaktors $\varkappa_{13}$ von der Leitungslänge kennen. Für den Fall, daß die Drähte alle parallel sind, ist $\varkappa_{13}$ konstant und kann vor das Integral genommen werden. Dann läßt sich das Integral leicht berechnen und man erhält, wie es sein muß, die Gleichung für die Paralleldrahtleitungen (14.10 a).

b) Drei Leitungen. Wir betrachten jetzt die Leitungen 1, 3 und 2, wobei die Leitung 2 von der störenden Leitung 1 unmittelbar und über die Leitung 3 mittelbar beeinflußt wird. Aus den Grundgleichungen (13.3 a) und (13.3 b) folgt für $k = 2$ für diesen Fall:

$$-\frac{1}{\gamma}\frac{d u_2}{d x} = \varkappa_{12}(x)\, i_1 + i_2 + \varkappa_{32}(x)\, i_3, \tag{9 a}$$

$$-\gamma u_2 = \varkappa_{12}(x)\frac{d i_1}{d x} + \frac{d i_2}{d x} + \varkappa_{32}(x)\frac{d i_3}{d x}. \tag{9 b}$$

Darin sind i_1, der Strom auf der Sendeleitung 1, durch Gl. (1) und i_3 der Strom auf der „dritten" Leitung 3 durch Gl. (8) als bekannt anzusehen. Wie oben erhält man durch Differenzieren von Gl. (9 a) und Einsetzen von Gl. (9 b):

$$\frac{d^2 u_2}{d x^2} - \gamma^2 u_2 = \gamma u_{10}\left[-\frac{d\varkappa_{12}}{d x}\, e^{-\gamma x} - \gamma\frac{d\varkappa_{32}}{d x}\, e^{+\gamma x}\int_x^l \varkappa_{13}(x)\, e^{-2\gamma x}\, dx\right]. \tag{10}$$

Wenn daraus u_2 errechnet ist, ergibt sich der Strom i_2 aus Gl. (9 a).

Man erhält also wieder für u_2 die gleiche Differentialgleichung wie beim Zweileitungsproblem, nur ist das Störungsglied jetzt komplizierter. Wir geben wieder gleich die Lösung an, und zwar gilt für u_2 das obere Vorzeichen, für i_2 das untere:

$$\left.\begin{aligned}
\frac{u_2}{i_2}\end{aligned}\right\} = C_1 e^{-\gamma x} \pm C_2 e^{+\gamma x} + u_{10}\gamma\left[\mp e^{+\gamma x}\int_0^x\left(\varkappa_{12} - \frac{\varkappa_{13}\varkappa_{32}}{2}\right)e^{-2\gamma x}\, dx\right.$$

$$+ \gamma e^{-\gamma x}\int_x^l \varkappa_{13}\, e^{-2\gamma x}\, dx \cdot \int_0^x \varkappa_{32}\, e^{+2\gamma x}\, dx - e^{-\gamma x}\int_0^x \frac{\varkappa_{13}\varkappa_{32}}{2}\, dx$$

$$\left.+ \gamma e^{-\gamma x}\int_0^x\left[\int_0^x \varkappa_{32}(x)\, e^{+2\gamma x}\, dx\right]\varkappa_{13}(x)\, e^{-2\gamma x}\, dx\right]. \tag{11}$$

Die beiden Integrationskonstanten C_1 und C_2 folgen aus der Grenzbedingung, daß die Leitung 2 an beiden Enden mit dem Wellenwiderstand abgeschlossen sein soll, d.h. aus $u_{20} = -i_{20}$ und $u_{2l} = i_{2l}$:

$$C_1 = 0; \quad C_2 = \gamma u_{10} \int_0^l \left(\varkappa_{12} - \frac{\varkappa_{13}\varkappa_{32}}{2} \right) e^{-2\gamma x}\, dx. \tag{12}$$

Es interessieren besonders die Spannungen und Ströme an den Enden der gestörten Leitung 2, d.h. das Nahnebensprechen und das Fernnebensprechen.

Für das *Nahnebensprechen* $(x = 0)$ folgt aus Gl.(11) und Gl.(12)

$$N_{12} \equiv \frac{u_{20}}{u_{10}} = -\frac{i_{20}}{u_{10}} = \gamma \int_0^l \left(\varkappa_{12} - \frac{\varkappa_{13}\varkappa_{32}}{2} \right) e^{-2\gamma x}\, dx \tag{13}$$

und für das *Fernnebensprechen* $(x = l)$ mit $u_{1l} = u_{10}e^{-\gamma l}$:

$$F_{12} \equiv \frac{u_{2l}}{u_{1l}} = \frac{i_{2l}}{u_{1l}} = -\frac{\gamma}{2} \int_0^l \varkappa_{13}\varkappa_{32}\, dx \\ + \gamma^2 \int_{x=0}^l \left[\int_{\xi=0}^x \varkappa_{32}(\xi)\, e^{+2\gamma\xi}\, d\xi \right] \varkappa_{13}(x)\, e^{-2\gamma x}\, dx. \tag{14}$$

Das zweite Glied mit den beiden Integralen läßt sich auch noch etwas anders schreiben. Da die Integrationsvariabeln in beiden Fällen verschieden bezeichnet sind (mit ξ und mit x), können wir ohne weiteres dafür ein Doppelintegral schreiben:

$$\gamma^2 \int_{x=0}^l \int_{\xi=0}^x \varkappa_{32}(\xi)\, \varkappa_{13}(x)\, e^{-2\gamma(x-\xi)}\, d\xi\, dx. \tag{14a}$$

Dabei ist die Integration in der x/ξ-Ebene über einen dreieckigen Bereich nach Abb. 28 zu erstrecken, und zwar zunächst über das eingezeichnete Rechteck $\xi = 0 \ldots x$, das dann über die ganze Fläche wandert (von $x = 0 \ldots l$). Es ist aber auch eine andere Reihenfolge

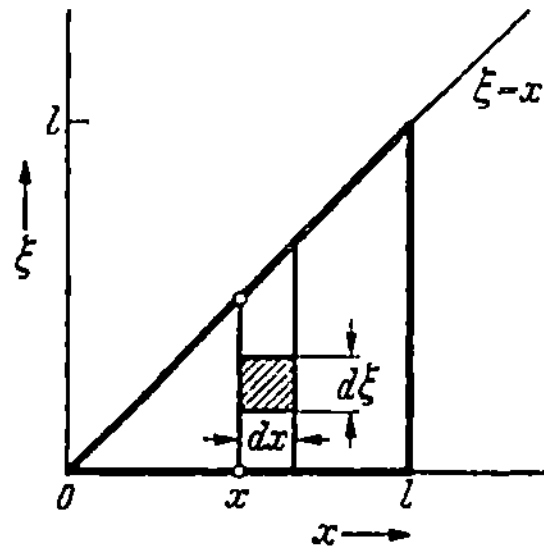

Abb. 28. Integrationsbereich des Längsnebensprechens bei angepaßten dritten Leitungen.

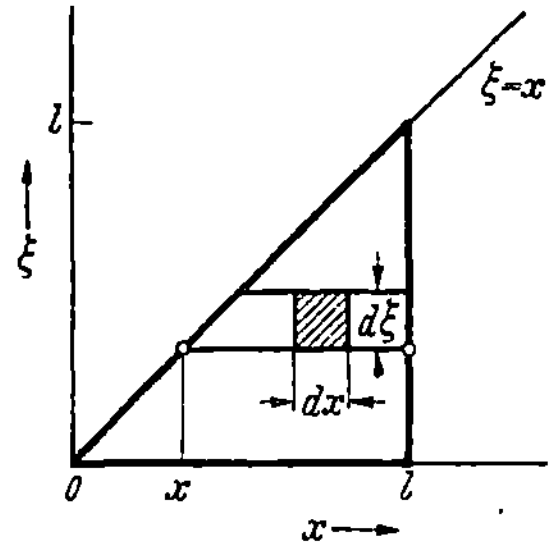

Abb. 29. Integrationsbereich des Längsnebensprechens bei angepaßten dritten Leitungen.

der Integration möglich, nämlich nach Abb. 29 von $x = \xi \ldots l$ und dann von $\xi = 0 \ldots l$. Der Integrand bleibt dabei derselbe. Da die Bezeichnung der Integrationsvariablen willkürlich ist, vertauschen wir noch zum Schluß im Integrand und in den Grenzen x mit ξ und erhalten damit

$$\gamma^2 \int\limits_{x=0}^{l} \int\limits_{\xi=x}^{l} \varkappa_{32}(x)\, \varkappa_{13}(\xi)\, e^{-2\gamma(\xi-x)}\, dx\, d\xi \tag{14b}$$

und in der Schreibweise von Gl. (14)[1]:

$$\left. \begin{aligned} F_{12} &\equiv \frac{u_{2l}}{u_{1l}} = \frac{i_{2l}}{u_{1l}} = -\frac{\gamma}{2}\int\limits_{0}^{l} \varkappa_{13}\varkappa_{32}\, dx \\ &\quad + \gamma^2 \int\limits_{x=0}^{l}\left[\int\limits_{\xi=x}^{l} \varkappa_{13}(\xi)\, e^{-2\gamma\xi}\, d\xi\right]\varkappa_{32}(x)\, e^{+2\gamma x}\, dx. \end{aligned} \right\} \tag{15}$$

Für Paralleldrahtleitungen ($\varkappa_{13}$ und $\varkappa_{32}$ über der Länge konstant) wird aus Gl. (14)

$$\left. \begin{aligned} F_{12} &\equiv \frac{u_{2l}}{u_{1l}} = -\frac{\gamma}{2}\varkappa_{13}\varkappa_{32}\, l + \gamma^2 \varkappa_{13}\varkappa_{32}\int\limits_{0}^{l}\frac{e^{2\gamma x}-1}{2\gamma}\, e^{-2\gamma x}\, dx \\ &= -\frac{\gamma}{2}\varkappa_{13}\varkappa_{32}\, l + \frac{\gamma}{2}\varkappa_{13}\varkappa_{32}\, l + \frac{\varkappa_{13}\varkappa_{32}}{4}\left(e^{-2\gamma l}-1\right) \\ &= -\frac{\varkappa_{13}\varkappa_{32}}{4}\left(1-e^{-2\gamma l}\right) \end{aligned} \right\} \tag{16}$$

in Übereinstimmung mit Gl. (14.18a).

Gl. (13) und Gl. (14) bzw. Gl. (15) ergeben das Nebensprechen für Leitungen mit vernachlässigbarer innerer Induktivität unter den sonst allgemeinsten Bedingungen. Sie gelten zunächst für *eine* dritte Leitung 3; die Anteile, die von anderen dritten Leitungen herrühren, sind also einfach zu addieren, wie es in § 14c gezeigt ist.

c) Die Bedeutung des Ergebnisses. Die Bedeutung von Gl. (13) für das Nahnebensprechen wird durch folgende Überlegung anschaulich: Für das Nahnebensprechen eines sehr kurzen Linienstückes der Länge dx ist nach Gl. (14.17b)

$$\frac{d\,u_{20}}{u_{10}} = \left(\varkappa_{12} - \frac{\varkappa_{13}\varkappa_{32}}{2}\right)\gamma\, d x.$$

---

[1] Die Beziehung

$$\int\limits_{x=a}^{b}\left(\int\limits_{y=a}^{x} f(x,y)\, dy\right) dx = \int\limits_{y=a}^{b}\left(\int\limits_{x=y}^{b} f(x,y)\, dx\right) dy,$$

die den Zusammenhang zwischen Gl. (14) und Gl. (15) herstellt, ist unter der Bezeichnung DIRICHLETsche *Formel* bekannt.

Das gilt dann, wenn der Generator und der Empfänger unmittelbar
an dem Linienelement sitzen. Liegt jedoch das Element wie in Abb. 26
an der Stelle x der Linie, dann hat die Spannung vom Generator bis
zum Empfänger noch zweimal das Stück x zu durchlaufen, sie wird
also auf diesem Wege um den Faktor $e^{-2\gamma x}$ gedämpft und gedreht.
Man erhält so den Anteil, den das Element an der Stelle x zum Nahnebensprechen liefert. Das gesamte Nahnebensprechen ergibt sich dann
nach Gl. (13) durch Integration aller Linienelemente über die ganze
Länge von $x = 0$ bis l. Durch Gl. (13) ist daher der Entstehungsmechanismus des Nahnebensprechens klargelegt. Es ist daher nicht verwun-
derlich, daß die Durchführung dieser Rechnung für ungekreuzte Paralleldrahtleitungen (S. 61) zu richtigen Ergebnissen führt.

Anders liegt die Sache beim Fernnebensprechen. Dieses besteht nach
Gl. (14) oder Gl. (15) aus zwei Gliedern. Nach Gl. (14.17a) erhält man
das Fernnebensprechen in einem Linienelement der Länge dx. Durch
Integration von 0 bis l ergibt sich damit Gl. (14.21b), also nur das erste
Glied von Gl. (14) oder Gl. (15), das man mit *Quernebensprechen* bezeichnet. Durch diese anschauliche Überlegung der Integration der Wirkungen aller Linienelemente, die beim Nahnebensprechen durchaus
zum Ziele führte, erhält man also beim Fernnebensprechen ein unvoll-
ständiges und damit völlig unrichtiges Ergebnis: Es fehlt dabei das besonders wichtige zweite Glied von Gl. (14) oder Gl. (15), das sog. *Längsnebensprechen*. Ein sicherer Weg zum richtigen Ergebnis ist eben nur
über die Differentialgleichungen möglich[1]. Dieses zweite Glied von
Gl. (14) zeigt, daß das Fernnebensprechen auch noch auf einem anderen
Wege als durch das Quernebensprechen der Abb. 27 zustande kommt.
Schreiben wir es in der Form

$$\int\limits_{x=0}^{l} \left[\gamma \int\limits_{\xi=0}^{x} \varkappa_{32}(\xi)\, e^{-2\gamma(x-\xi)}\, d\xi \right] \gamma\, \varkappa_{13}(x)\, dx\,.$$

so bedeutet nach Gl. (13) das Glied in der eckigen Klammer ein Nahnebensprechen auf der Strecke 0 bis x, zwischen den Leitungen 3 und
2, aber in umgekehrter
Richtung als in Abb. 26
laufend. Dieses Nahneben-
sprechen, das in Abb. 30 angedeutet ist, ist eine Funktion von x. Es wird mit
dem Nahnebensprechen in
dem Element dx zwischen

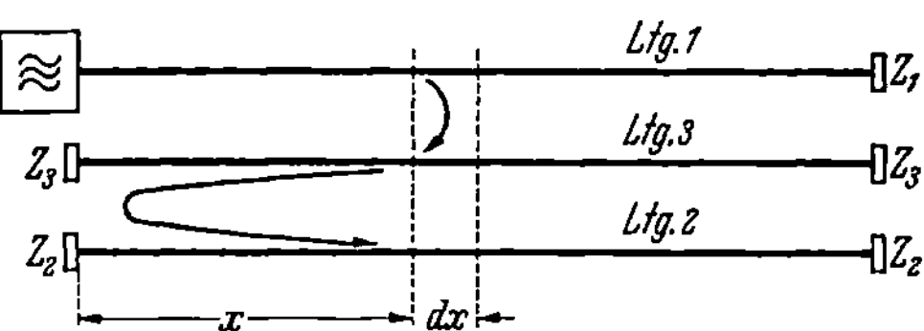

Abb. 30. Entstehung des Fernnebensprechens durch doppeltes Nahnebensprechen über dritte Leitungen.

---

[1] Damit soll jedoch keineswegs gesagt sein, daß anschauliche Betrachtungen
wertlos sind. Im Gegenteil sind sie, wie schon oben betont, zur Ergänzung der
formalen Rechnung unbedingt erforderlich.

5*

den Leitungen 1 und 3 $\gamma \varkappa_{13}(x)\,dx$ malgenommen und alles über die Länge integriert. Nach Abb. 30 entsteht also von der störenden Leitung 1 her auf der dritten Leitung in jedem Längenelement eine Nahnebensprechspannung, die durch nochmaliges Nahnebensprechen über das Stück x bis 0 schließlich zum fernen Ende der Leitung 2 gelangt. *Das Längsnebensprechen entsteht also durch doppeltes Nahnebensprechen über eine dritte Leitung.* Gl. (15) ist nach ihrer Ableitung völlig gleichwertig Gl. (14). Nur ist hier die Reihenfolge der Integrationen vertauscht. Nach Abb. 31 wird dabei zuerst das Nahnebensprechen zwischen Leitung 1 und 3 von x bis l berechnet.

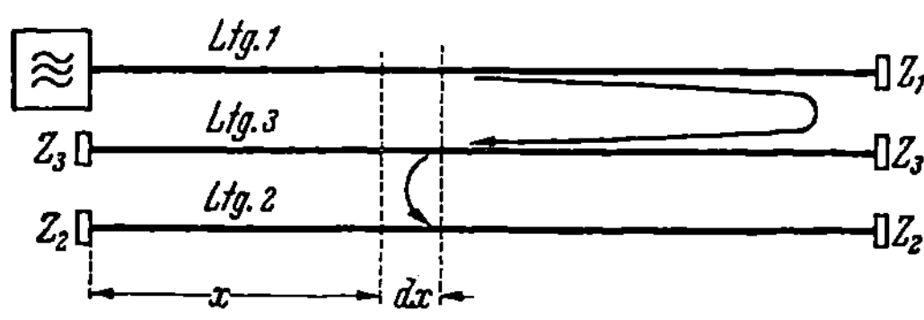

Abb. 31. Entstehung des Fernnebensprechens durch doppeltes Nahnebensprechen über dritte Leitungen.

Das Quernebensprechen ist proportional $\gamma = j\dfrac{\omega}{v}$, d.h. es ist immer rein imaginär und proportional der Frequenz. Beim Vertauschen von störender und gestörter Leitung bleibt es unverändert. Über das Längsnebensprechen läßt sich dagegen ohne weitere Annahmen etwas Entsprechendes nicht aussagen. Wir werden später einen Fall behandeln, wo es im wesentlichen proportional $\gamma^2 = -\dfrac{\omega^2}{v^2}$ ist, d.h. reell und proportional dem Quadrat der Frequenz. Daß das aber nicht immer so sein muß, sieht man schon an dem Fall der Paralleldrahtleitungen Gl. (16).

Aus Gl. (14) ergibt sich als wichtige Folgerung, daß sowohl das Quernebensprechen wie das Längsnebensprechen verschwinden, wenn nur zwei Leitungen vorhanden sind: *Das unmittelbare Fernnebensprechen idealer Leitungen verschwindet exakt.* Das unmittelbare Nahnebensprechen hat jedoch einen bestimmten Wert. Praktisch sind allerdings fast immer dritte Leitungen vorhanden. Aber dann gilt, wie schon bei den Paralleldrahtleitungen auseinandergesetzt, auch hier bei beliebiger Kopplungsverteilung, daß das Nahnebensprechen von erster Ordnung, das Fernnebensprechen aber von zweiter Ordnung klein ist, sofern die $\varkappa_{12}$, $\varkappa_{13}$ und $\varkappa_{32}$ von der gleichen Größenordnung sind (was aber nicht unbedingt der Fall sein muß).

§ 16*. Dritte Leitungen offen oder kurzgeschlossen.

Bisher hatten wir immer vorausgesetzt, daß sämtliche Leitungen des Bündels mit ihren Wellenwiderständen abgeschlossen sind. In der Praxis trifft das jedoch nur für die Betriebsleitungen zu, während z.B. die unsymmetrischen Systeme, die als dritte Leitungen in erster Linie in Frage kommen, in der Regel an beiden Enden leerlaufen. Wenn auch, wie wir sehen werden, die dadurch bedingte Korrektur des Nebensprechens meist zu vernachlässigen ist, wollen wir hier doch diese Frage allgemein untersuchen, zumal die Ergebnisse sich vereinfachen.

Wir betrachten zunächst den Fall, daß die störende Leitung 1 und die gestörte Leitung 2 wie bisher mit ihren Wellenwiderständen abgeschlossen sind, während die dritte Leitung 3 jetzt an beiden Enden offen sein soll. Die Rechnung kann grundsätzlich so laufen wie in § 15 für abgeschlossene dritte Leitungen. Wir erhalten also wie dort [Gl. (15.5) und Gl. (15.6)] für Spannung und Strom auf der dritten Leitung:

$$\left.\begin{array}{c} u_3 \\ i_3 \end{array}\right\} = \mp \gamma\, u_{10}\, e^{+\gamma x} \int_0^x \varkappa_{13}\, e^{-2\gamma x}\, dx + A_1\, e^{-\gamma x} \pm A_2\, e^{+\gamma x}\,. \tag{1}$$

Darin sind die willkürlichen Konstanten A_1 und A_2 aus den Grenzbedingungen zu bestimmen. Diese sind aber jetzt anders als oben, nämlich

$$i_{30} = i_{3l} = 0\,. \tag{2}$$

Damit erhält man

$$A_1 = A_2 = \frac{\gamma\, u_{10}}{1 - e^{-2\gamma l}} \int_0^l \varkappa_{13}\, e^{-2\gamma x}\, dx$$

und nach Einsetzen in Gl. (1) mit einiger leichter Umformung:

$$\left.\begin{array}{c} u_3 \\ i_3 \end{array}\right\} = \pm \gamma\, u_{10}\, e^{+\gamma x} \int_x^l \varkappa_{13}\, e^{-2\gamma x}\, dx + \frac{\gamma\, u_{10}}{1 - e^{-2\gamma l}} \left(e^{-\gamma x} \pm e^{-2\gamma l} e^{\gamma x}\right) \int_0^l \varkappa_{13}\, e^{-2\gamma x}\, dx\,. \tag{3}$$

Damit ist der Spannungs- und Stromverlauf auf der dritten Leitung bekannt. Die Rechnung könnte nun so weitergehen, daß man wie in § 15 i_3 in die dortigen Gl. (9a) und (9b) einsetzt und wie dort u_2 und i_2 berechnet. Diese Rechnung bietet nichts Besonderes, sie ist aber außerordentlich langwierig. Wir wollen daher darauf verzichten, weil wir hier auf einem anderen, ebenfalls strengen Wege wesentlich schneller zum Ziele kommen.

Gl. (3) ist bereits so geschrieben, daß das erste Glied mit Gl. (15.8) übereinstimmt, die Spannung und Strom im Falle der Anpassung darstellt. Dieses Glied allein führt zu dem Ergebnis Gl. (15.13) und Gl. (15.14). Da wegen der Linearität unseres Problems das Überlagerungsprinzip gilt, genügt es, wenn wir das zweite Glied von Gl. (3) gesondert betrachten und die dadurch auf der Leitung 2 hervorgerufenen Spannungen zu Gl. (15.13) und Gl. (15.14) addieren.

a) Die Zusatzspannungen bei offenen dritten Leitungen. Wir müßten also mit dem zweiten Glied von Gl. (3) allein in die Differentialgleichungen eingehen. Aber auch das ist wegen des besonderen Aufbaus dieses Gliedes nicht nötig. Denn seine Längenabhängigkeit ist durch die beiden Faktoren $e^{-\gamma x}$ und $e^{+\gamma x}$ gegeben. Einen solchen Spannungsverlauf kann man aber auch erzeugen, wenn man auf eine *beiderseitig angepaßte* Leitung an jedes Ende einen Generator setzt, der an die Leitungsklemmen folgende Zusatzspannungen liefert:

$$u_{30}^{*} = \frac{\gamma\,u_{10}}{1 - e^{-2\gamma l}} \int_{0}^{l} \varkappa_{13}\, e^{-2\gamma x}\, dx\,. \tag{4a}$$

$$u_{3l}^{*} = \frac{\gamma\,u_{10}\, e^{-\gamma l}}{1 - e^{-2\gamma l}} \int_{0}^{l} \varkappa_{13}\, e^{-2\gamma x}\, dx\,. \tag{4b}$$

Nach Abb. 32 kann man das z. B. durch Urspannungsn $2u_{30}^{*}$ bzw. $2u_{3l}^{*}$ in Reihe mit dem Wellenwiderstand erreichen.

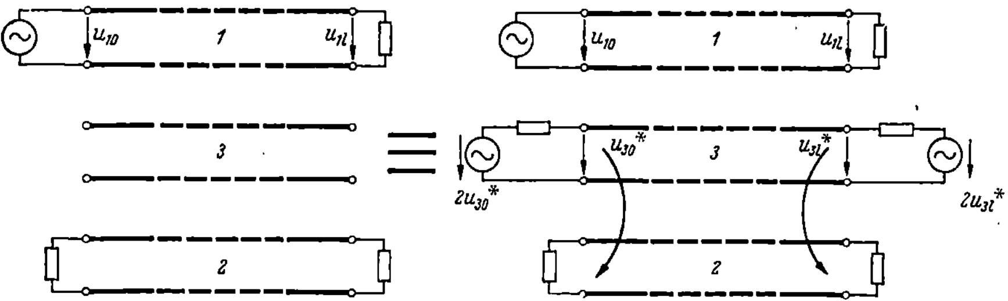

Abb. 32. Einfluß der offenen dritten Leitungen auf das Nebensprechen.

Infolge dieser beiden Klemmenspannungen u_{30}^{*} und u_{3l}^{*} erhält man folgenden Spannungsverlauf auf der Leitung:

$$u_{30}^{*}\, e^{-\gamma x} + u_{3l}^{*}\, e^{-\gamma (l-x)},$$

der mit Gl. (3) übereinstimmt.

Diese beiden Generatoren ergeben je ein Nahnebensprechen zwischen den Leitungen 2 und 3 und damit ein zusätzliches Nah- und Fernnebensprechen der Leitungen 1 und 2, das sich nach Gl. (15.13) mit $u_{1l} = u_{10}\, e^{-\gamma l}$ angeben läßt:

$$\frac{u_{20}^{*}}{u_{10}} = \frac{\gamma^{2}}{1 - e^{-2\gamma l}} \int_{0}^{l} \varkappa_{13}\, e^{-2\gamma x}\, dx \cdot \int_{0}^{l} \varkappa_{32}\, e^{-2\gamma x}\, dx\,, \tag{5a}$$

$$\frac{u_{2l}^{*}}{u_{1l}} = \frac{\gamma^{2}\, e^{-2\gamma l}}{1 - e^{-2\gamma l}} \int_{0}^{l} \varkappa_{13}\, e^{-2\gamma x}\, dx \int_{0}^{l} \varkappa_{32}\, e^{+2\gamma x}\, dx\,. \tag{5b}$$

Diese Zusatzspannungen sind bei offenen dritten Leitungen zu Gl. (15.13) bzw. Gl. (15.14) zu addieren.

b) Die Zusatzspannungen bei kurzgeschlossenen dritten Leitungen. Wenn die dritte Leitung nicht offen, sondern beidseitig kurzgeschlossen ist, hat man entsprechend vorzugehen. Das Ergebnis ist, daß die beiden

Zusatzgeneratoren auf Leitung 3 in Abb. 32 die Urspannungen $2u_{30}^{**}$ und $2u_{3l}^{**}$ haben müssen mit

$$u_{30}^{**} = - \frac{\gamma\, u_{10}}{1 - e^{-2\gamma l}} \int\limits_0^l \varkappa_{13}\, e^{-2\gamma x}\, d x, \qquad (6\,\text{a})$$

$$u_{3l}^{**} = \frac{\gamma\, u_{10}\, e^{-\gamma l}}{1 - e^{-2\gamma l}} \int\limits_0^l \varkappa_{13}\, e^{-2\gamma x}\, d x. \qquad (6\,\text{b})$$

Man überzeugt sich leicht, daß diese beiden Generatoren zusammen an den Endklemmen der Leitung 3 die Spannung 0, an den Anfangsklemmen dagegen die Spannung

$$- u_{10}\, \gamma \int\limits_0^l \varkappa_{13}\, e^{-2\gamma x}\, d x = - u_{30}$$

erzeugen. Von der Leitung 1 her wird außerdem für $x = 0$ die Spannung $+ u_{30}$ erzeugt, für $x = l$ dagegen die Spannung Null[1], so daß insgesamt an beiden Enden der Leitung 3 die Spannung verschwindet, wie es für eine beidseitig kurzgeschlossene Leitung sein muß.

Durch Nahnebensprechen entstehen nun Zusatzspannungen auf der Leitung 2, und zwar:

$$\frac{u_{20}^{**}}{u_{10}} = - \frac{\gamma^2}{1 - e^{-2\gamma l}} \int\limits_0^l \varkappa_{13}\, e^{-2\gamma x}\, d x \cdot \int\limits_0^l \varkappa_{32}\, e^{-2\gamma x}\, d x, \qquad (7\,\text{a})$$

$$\frac{u_{2l}^{**}}{u_{1l}} = \frac{\gamma^2\, e^{-2\gamma l}}{1 - e^{-2\gamma l}} \int\limits_0^l \varkappa_{13}\, e^{-2\gamma x}\, d x \int\limits_0^l \varkappa_{32}\, e^{+2\gamma x}\, d x. \qquad (7\,\text{b})$$

Diese Zusatzspannungen sind bei kurzgeschlossenen dritten Leitungen zu Gl. (15.13) bzw. Gl. (15.14) zu addieren. Für das Nahnebensprechen hat also die Zusatzspannung für kurzgeschlossene dritte Leitungen das entgegengesetzte Vorzeichen wie für offene. Beim Fernnebensprechen jedoch, das in der Praxis am meisten interessiert, ist die Zusatzspannung für offene und kurzgeschlossene dritte Leitungen bemerkenswerterweise gleich.

c) Das Fernnebensprechen bei offenen oder kurzgeschlossenen dritten Leitungen. Für das Fernnebensprechen lassen sich die Integrale zusammenfassen. Die Zusatzspannung Gl. (5b) bzw. Gl. (7b) kann man als Doppelintegral schreiben:

$$\frac{u_{2l}^{*}}{u_{1l}} = \frac{\gamma^2\, e^{-2\gamma l}}{1 - e^{-2\gamma l}} \int\limits_{x=0}^l \int\limits_{\xi=0}^l \varkappa_{32}(\xi)\, \varkappa_{13}(x)\, e^{-2\gamma(x-\xi)}\, d x\, d\xi. \qquad (5\,\text{b}')$$

---

[1] Weil das Fernnebensprechen zwischen nur zwei idealen Leitungen verschwindet.

Der Integrand ist dann derselbe wie in Gl. (15,14a), d.h. für das Längsnebensprechen bei angepaßten dritten Leitungen. Doch ist der Integrationsbereich in der x/ξ-Ebene hier nach Abb. 33 das Quadrat $A+B$, während er für Gl. (15.14a) das Dreieck B war.

Als Summe von Gl. (15.14) und Gl. (5b′) erhält man daher:

$$F_{12} \equiv \frac{u_2 l}{u_1 l} = -\frac{\gamma}{2} \int_0^l \varkappa_{13}\,\varkappa_{32}\,dx + \gamma^2 \iint_B + \frac{\gamma^2 e^{-2\gamma l}}{1-e^{-2\gamma l}} \left\{ \iint_B + \iint_A \right\}$$
$$= -\frac{\gamma}{2} \int_0^l \varkappa_{13}\,\varkappa_{32}\,dx + \frac{\gamma^2}{1-e^{-2\gamma l}} \left\{ \iint_B + e^{-2\gamma l}\iint_A \right\}. \tag{8}$$

Dabei ist der Integrand immer der des Doppelintegrals von Gl. (5b′).

Der Bereich A ist für eine Integration nicht sehr zweckmäßig, wir betrachten daher im Vergleich dazu den Bereich C. Es ist

$$\iint_A = \int_{x=0}^l \int_{\xi=x}^l \varkappa_{32}(\xi)\,\varkappa_{13}(x)\,e^{-2\gamma(x-\xi)}\,dx\,d\xi \tag{9a}$$

und

$$\iint_C = \int_{x=0}^l \int_{\xi=x}^l \varkappa_{32}(\xi)\,\varkappa_{13}(x+l)\,e^{-2\gamma(x+l-\xi)}\,dx\,d\xi . \tag{9b}$$

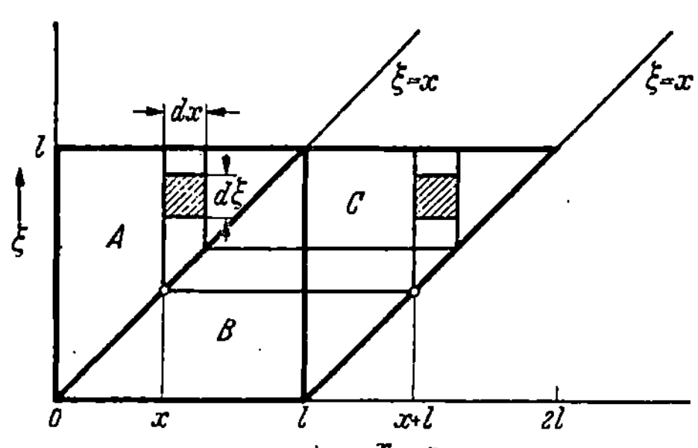

Abb. 33. Integrationsbereiche des Fernnebensprechens bei offenen dritten Leitungen.

Man kann die beiden Integranden zur Übereinstimmung bringen, wenn man aus dem zweiten den Faktor $e^{-2\gamma l}$ herausnimmt und wenn man außerdem festsetzt, daß

$$\varkappa_{13}(x+l) = \varkappa_{13}(x) \tag{10}$$

sein soll. Das letztere kann man tun, da ja über $x=l$ heraus der Kopplungsfaktor zunächst überhaupt nicht definiert ist. Mit der Definition Gl. (10) folgt

$$\iint_C = e^{-2\gamma l}\iint_A . \tag{11}$$

Die geschweifte Klammer in Gl. (8) geht damit in ein Doppelintegral über den Bereich $B+C$ über, erhält also den Wert

$$\int_{\xi=0}^l \int_{x=\xi}^{\xi+l} \varkappa_{32}(\xi)\,\varkappa_{13}(x)\,e^{-2\gamma(x-\xi)}\,dx\,d\xi .$$

Vertauscht man darin wieder x mit ξ, so erhält man das Endergebnis für das Fernnebensprechen bei offenen oder kurzgeschlossenen dritten Leitungen:

$$F_{12} \equiv \frac{u_{2l}}{u_{1l}} = -\frac{\gamma}{2} \int_0^l \varkappa_{13}\,\varkappa_{32}\,dx \left.\vphantom{\int} \right\}$$
$$+ \frac{\gamma^2}{1 - e^{-2\gamma l}} \int_{x=0}^l \left(\int_{\xi=x}^{x+l} \varkappa_{13}(\xi)\,e^{-2\gamma\xi}\,d\xi \right) \varkappa_{32}(x)\,e^{+2\gamma x}\,dx. \left.\right\} \quad (12)$$

In dieser Darstellung ist noch zwischen dem Quernebensprechen und dem Längsnebensprechen unterschieden. Mit Rücksicht auf spätere Rechnungen fassen wir jedoch die Integrale noch weiter zusammen, wobei dieser Unterschied verschwindet.

Wir erhalten durch partielle Integration:

$$\int_{\xi=x}^{x+l} \varkappa_{13}(\xi)\,e^{-2\gamma\xi}\,d\xi = -\varkappa_{13}(x+l)\frac{e^{-2\gamma(x+l)}}{2\gamma} + \varkappa_{13}(x)\frac{e^{-2\gamma x}}{2\gamma}$$
$$+ \frac{1}{2\gamma} \int_{\xi=x}^{x+l} e^{-2\gamma\xi}\,d\varkappa_{13}(\xi)\,.$$

Unter Berücksichtigung der Bedingung Gl. (10) wird damit nach Einsetzen und Zusammenfassung:

$$F_{12} \equiv \frac{u_{2l}}{u_1} = \frac{\gamma}{2\,(1 - e^{-2\gamma l})} \int_{x=0}^l \left\{ \int_{\xi=x}^{x+l} e^{-2\gamma\zeta}\,d\varkappa_{13}(\xi) \right\} \varkappa_{32}(x)\,e^{+2\gamma x}\,dx. \quad (13)$$

Damit ist das Fernnebensprechen zwischen Leitung 1 und 2 bei Vorhandensein einer beidseitig offenen oder kurzgeschlossenen Leitung 3 gegeben. Die weitere Ausrechnung ist allerdings erst möglich, wenn Angaben über die Längenabhängigkeit der beiden Kopplungsfaktoren $\varkappa_{13}$ und $\varkappa_{32}$ gemacht werden.

§ 17*. Anschauliche Ableitung des Fernnebensprechens.

Wir hatten in § 15 und § 16 gesehen, daß sich das Fernnebensprechen zwischen zwei Leitungen bei Vorhandensein einer dritten Leitung durch zwei Anteile darstellen läßt, durch das Quernebensprechen und das Längsnebensprechen. Dabei ist das Quernebensprechen durch ein einfaches Integral gegeben, das Längsnebensprechen durch ein Doppelintegral. Die Gleichungen sagen aus, daß das Längsnebensprechen durch doppeltes Nahnebensprechen über die dritte Leitung entsteht. Wir wollen nach diesem Entstehungsmechanismus die Gleichungen noch einmal anschaulich ableiten, um so einen besseren Einblick in ihre physikalische Bedeutung zu bekommen.

a) Das Längsnebensprechen bei abgeschlossenen dritten Leitungen.

Wir nehmen an, daß zwischen den drei Leitungen zunächst nur zwei Kopplungen an den Stellen x und ξ nach Abb. 34 mit den dort eingetrage-

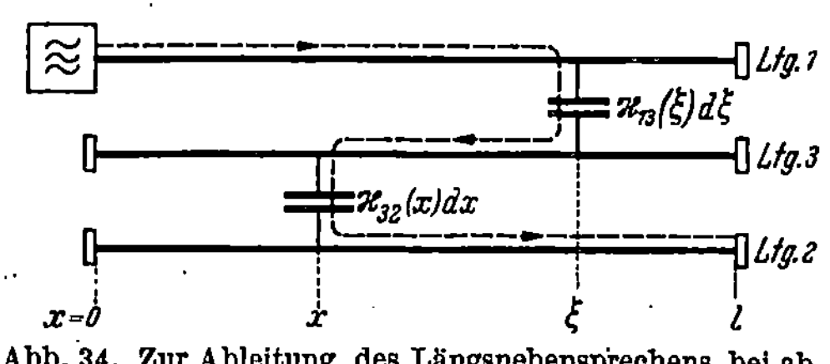

Abb. 34. Zur Ableitung des Längsnebensprechens bei abgeschlossenen dritten Leitungen.

nen Größen $\varkappa_{13}(\xi)d\xi$ und $\varkappa_{32}(x)dx$ vorhanden sind. Alle Leitungen seien mit ihren Wellenwiderständen abgeschlossen. Die Längsnebensprechspannung u'_{2l} kommt dann auf dem gestrichelten Wege zustande.

Da nach Gl. (14.17b) die Nahnebensprechspannung zwischen *zwei* angepaßten Leitungen a und b über eine Kopplung $\varkappa_{ab}\,dx$ durch

$$d\,u_b = u_a\,\gamma\,\varkappa_{ab}\,d\,x$$

gegeben ist, erhält man unter Berücksichtigung der Tatsache, daß die Spannungen auf den angepaßten Leitungen durch den Faktor $e^{-\gamma x}$ gedämpft bzw. phasengedreht sind (Index A bedeutet „Anpassung"):

$$\begin{aligned}
(d\,u'_{2l})_A &= u_{10}\,e^{-\gamma\xi}\,\gamma\,\varkappa_{13}(\xi)\,d\xi\,e^{-\gamma(\xi-x)}\,\gamma\,\varkappa_{32}(x)\,d\,x\,e^{-\gamma(l-x)} \\
&= \gamma^2\,u_{10}\,e^{-\gamma l}\,\varkappa_{13}(\xi)\,\varkappa_{32}(x)\,e^{-2\gamma(\xi-x)}\,d\xi\,d\,x\,.
\end{aligned} \tag{1}$$

Diese Längsnebensprechspannung entsteht jedoch nur dann, wenn $\xi > x$ ist; für $\xi < x$ ist $(d\,u'_{2l})_A = 0$.

Sind nicht nur die beiden in Abb. 34 angegebenen Kopplungen, sondern sehr viele vorhanden, dann hat man über alle x und über alle ξ zu summieren, wobei jedoch immer zu berücksichtigen ist, daß alle Anteile für $\xi < x$ verschwinden. Man kann das erreichen, indem man über Gl. (1) ein Doppelintegral mit den Grenzen $x = 0$ bis l und $\xi = x$ bis l erstreckt. Man erhält auf diese Weise, wie es sein muß, das zweite Glied von Gl. (15.15), wenn man berücksichtigt, daß $u_{10}\,e^{-\gamma l} = u_{1l}$ ist.

b) Das Längsnebensprechen bei offenen und kurzgeschlossenen dritten Leitungen und unterschiedlichen Wellengeschwindigkeiten.

In ähnlicher Weise wollen wir jetzt das Längsnebensprechen bei offenen dritten Leitungen berechnen. Wir wollen aber die Aufgabe insofern etwas erweitern, als die Wellengeschwindigkeiten v auf allen drei Leitungen verschieden sein sollen. Das ist bei manchen praktisch wichtigen Problemen der Fall, z. B. dann, wenn die sich beeinflussenden Leitungen in verschiedenen Vierern eines Trägerfrequenzkabels liegen; alle Vierer haben verschiedene Schlaglängen, daher ist auch ihre Drahtlänge und somit ihre Wellengeschwindigkeit etwas verschieden.

Wir betrachten zu diesem Zweck Abb. 35. Darin sind die Leitungen 1 und 3 über $x = l$ hinaus bis $2\,l$ verlängert und bei $\xi + l$ ist eine Kopplung von der Größe

$$\varkappa_{13}\,(\xi)\,d\,\xi\;e^{-(\gamma_3 - \gamma_1)l}/(1 - e^{-2\gamma_3 l})$$

angebracht. Alle Leitungen sind beidseitig mit den Wellenwiderständen abgeschlossen.

Durch die beiden Kopplungen bei ξ und bei $\xi + l$ treten auf der Leitung 3 zwei nach links laufende Spannungswellen auf, die sich über-

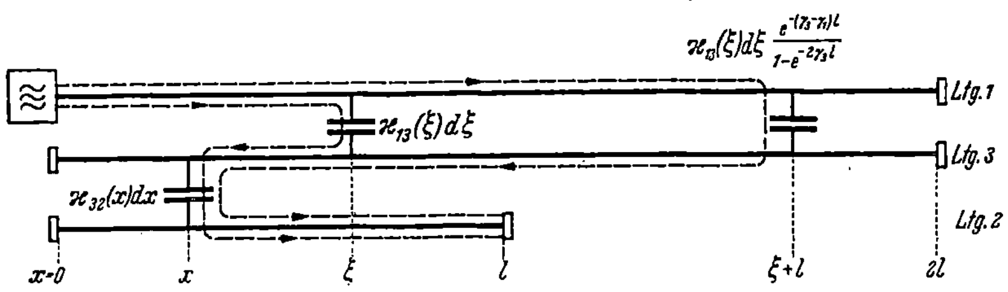

Abb. 35. Zur Ableitung des Längsnebensprechens bei offenen oder kurzgeschlossenen dritten Leitungen.

lagern, und zwar eine Welle von $x = \xi$ bis 0 und die andere Welle von $x = \xi + l$ über l ebenfalls bis 0. Wie die folgenden Ausführungen zeigen werden, stimmt die Summe dieser beiden Wellen überein mit der nach links laufenden Spannungswelle, die auf einer beiderseits offenen Leitung 3 von der Länge l infolge der Kopplung bei ξ auftritt.

Wir betrachten zunächst die Vorgänge auf dieser beiderseits offenen Leitung 3. Die durch die Kopplung bei ξ erzeugte und nach links laufende Spannungswelle wird an den beiden offenen Leitungsenden fortgesetzt reflektiert. Es ist leicht zu übersehen, daß sich durch diese fortgesetzten Reflexionen insgesamt zwei zusätzliche Spannungswellen ergeben, von denen die eine nach rechts, die andere nach links läuft; die Spannungsverteilung längs der Leitung wird für diese beiden zusätzlichen Spannungswellen durch die Faktoren $e^{-\gamma x}$ bzw. $e^{-\gamma(l-x)}$ gekennzeichnet. Die Größe dieser beiden Spannungswellen ist eindeutig durch die Reflexionsbedingung bestimmt, daß an jedem Ende der Leitung 3 die (insgesamt) nach links und die nach rechts laufende Spannungswelle gleiche Werte haben müssen. Für das Längsnebensprechen kommt hier nur die nach links laufende Spannungswelle in Betracht, d.h. die Summe der ursprünglichen und der entsprechenden zusätzlichen Welle. Nach der obigen Behauptung ist diese nach links laufende Spannungswelle gleich der Spannungswelle in einer Spaltung nach Abb. 35.

Für das Nahnebensprechen in einem Längenelement gilt bei der Schaltung nach Abb. 35 Gl. (14.19a) auch für verschiedene Wellengeschwindigkeiten. Beim Übergang zur normierten Schreibweise muß man jedoch dieser Tatsache durch

$$Z_1 = v_1 L_1, \quad Z_2 = v_2 L_2, \quad \gamma_1 = j\,\frac{\omega}{v_1} \quad \text{und} \quad \gamma_2 = j\,\frac{\omega}{v_2}$$

Rechnung tragen. Damit erhält man statt Gl. (14.20a) für zwei Leitungen a und b:

$$d\,u_b = u_a \varkappa_{ab} \sqrt{\gamma_a \gamma_b}\, d\,x\,.$$

Damit wird also:

$$d\,u_{3l} = u_{10}\, e^{-\gamma_1(l+\xi)} \sqrt{\gamma_1 \gamma_3}\, \varkappa_{13}(\xi)\, d\xi\, \frac{e^{-(\gamma_3-\gamma_1)l}}{1 - e^{-2\gamma_3 l}}\, e^{-\gamma_3 \xi}$$

$$= u_{10}\, e^{-\gamma_3 l} \sqrt{\gamma_1 \gamma_3}\, \varkappa_{13}(\xi)\, d\xi\, \frac{e^{-(\gamma_1+\gamma_3)\xi}}{1 - e^{-2\gamma_3 l}}$$

und

$$d\,u_{30} = u_{10}\, e^{-\gamma_1(l+\xi)} \sqrt{\gamma_1 \gamma_3}\, \varkappa_{13}(\xi)\, d\xi\, \frac{e^{-(\gamma_3-\gamma_1)l}}{1 - e^{-2\gamma_3 l}}\, e^{-\gamma_3(\xi+l)}$$

$$+ u_{10}\, e^{-\gamma_1 \xi} \sqrt{\gamma_1 \gamma_3}\, \varkappa_{13}(\xi)\, d\xi\, e^{-\gamma_3 \xi}$$

$$= u_{10} \sqrt{\gamma_1 \gamma_3}\, \varkappa_{13}(\xi)\, d\xi\, e^{-(\gamma_1+\gamma_3)\xi} \left(1 + \frac{e^{-2\gamma_3 l}}{1 - e^{-2\gamma_3 l}}\right)$$

d. h.

$$d\,u_{3l} = d\,u_{30}\, e^{-\gamma_3 l}\,. \tag{2}$$

Nehmen wir nun bei $x = 0$ den Abschlußwiderstand der Leitung 3 weg, so daß diese Leitung hier offen ist, so geht, wie bekannt, die Spannung $d u_{30}$ auf den doppelten Wert, d.h. es entsteht zusätzlich eine reflektierte, von links nach rechts laufende Welle, die bei $x = 0$ den Wert $d u_{30}$ und bei $x = l$ den Wert $d u_{30} e^{-\gamma_3 l}$ hat. Das ist der gleiche Wert, der nach Gl. (2) bei $x = l$ schon vorhanden ist, d.h. es entsteht auch hier die doppelte Spannung, während der Gesamtstrom an dieser Stelle verschwindet, da beide Wellen gegeneinanderlaufen und ihre Spannungen den gleichen Wert haben. Eine Anordnung nach Abb. 35 mit bei $x = 0$ offener Leitung 3 wirkt daher so, als ob bei $x = l$ diese Leitung ebenfalls offen wäre. Damit ist die obige Behauptung nachgewiesen, daß die nach links laufende Spannungswelle (zwischen $x = 0$ und l) bei der Anordnung nach Abb. 35 der links laufenden Spannungswelle einer beiderseits offenen Leitung 3 gleich ist.

Man kann also bei der Berechnung der Längsnebensprechspannung in Leitung 2 bei $x = l$ die Tatsache der offenen dritten Leitung durch die Zusatzkopplung bei $\xi + l$ berücksichtigen und man erhält[1]:

---

[1] In $d\,u'_{2l}$ soll der Strich das Längsnebensprechen ausdrücken, zu dem noch das Quernebensprechen hinzukommt (vgl. unter c).

$$\begin{aligned}
d u'_{2l} &= u_{10}\, e^{-\gamma_1 \xi}\, \sqrt{\gamma_1 \gamma_3}\, \varkappa_{13}(\xi)\, d\xi\; e^{-\gamma_3(\xi-x)}\, \sqrt{\gamma_3 \gamma_2}\, \varkappa_{32}(x)\, dx\; e^{-\gamma_2(l-x)} \\[2mm]
&\quad + u_{10}\, e^{-\gamma_1(l+\xi)}\, \sqrt{\gamma_1 \gamma_3}\, \varkappa_{13}(\xi)\, d\xi\; \frac{e^{-(\gamma_3-\gamma_1)l}}{1-e^{-2\gamma_3 l}}\, e^{-\gamma_3(\xi+l-x)} \\[2mm]
&\qquad\qquad \sqrt{\gamma_3 \gamma_2}\, \varkappa_{32}(x)\, dx\; e^{-\gamma_2(l-x)} \\[2mm]
&= \gamma_3\, \sqrt{\gamma_1 \gamma_2}\, u_{10}\, e^{-\gamma_2 l}\, \varkappa_{13}(\xi)\, \varkappa_{32}(x)\, e^{-(\gamma_1+\gamma_3)\xi}\, e^{+(\gamma_2+\gamma_3)x}\, d\xi\, dx \\[2mm]
&\quad + \gamma_3\, \sqrt{\gamma_1 \gamma_2}\, u_{10}\, \frac{e^{-2\gamma_3 l}}{1-e^{-2\gamma_3 l}}\, e^{-\gamma_2 l}\, \varkappa_{13}(\xi)\, \varkappa_{32}(x)\, e^{-(\gamma_1+\gamma_3)\xi} \\[2mm]
&\qquad\qquad e^{+(\gamma_2+\gamma_3)x}\, d\xi\, dx\,.
\end{aligned} \qquad (3)$$

Sind wieder statt nur zwei Kopplungen viele vorhanden, so ist über alle ξ und über alle x zu summieren. Für das erste Glied von Gl.(3) darf dabei, wie oben auseinandergesetzt, ξ nur von x bis l laufen, da für $\xi < x$ das Integral verschwinden muß. Für das zweite Glied aus Gl.(3), das über die Zusatzkopplung bei $\xi + l$ zustande gekommen ist, gilt nach Abb. 35 diese Bedingung nicht, d.h. ξ läuft hier von x bis l. Wir erhalten daher für das Längsnebensprechen mit $u_{1l} = u_{10}\, e^{-\gamma_1 l}$:

$$\frac{u'_{2l}}{u_{1l}} = \gamma_3\, \sqrt{\gamma_1 \gamma_2}\; e^{-(\gamma_2-\gamma_1)l} \left(\int\limits_{x=0}^{l} \int\limits_{\xi=x}^{l} I\, d\xi\, dx + \frac{e^{-2\gamma_3 l}}{1-e^{-2\gamma_3 l}} \int\limits_{x=0}^{l} \int\limits_{\xi=0}^{l} I\, d\xi\, dx \right)$$

mit

$$I = \varkappa_{13}(\xi)\, \varkappa_{32}(x)\, e^{-(\gamma_1+\gamma_3)\xi}\, e^{+(\gamma_1+\gamma_3)x}\,. \qquad (4)$$

Für $\gamma_1 = \gamma_2 = \gamma_3$ geht dieser Wert tatsächlich in die Summe von Gl.(15.15) und Gl.(16.5b') Seite 66 und 71 über (abgesehen vom ersten Glied von Gl.(15.15), dem Quernebensprechen), wenn man in Gl.(16.5b') ein Doppelintegral schreibt.

Ähnliche Betrachtungen gelten bei kurzgeschlossener dritter Leitung. Schließt man sie bei $x = 0$ kurz, so wird hier die Spannung Null. Wir können das so auffassen, als ob durch das Kurzschließen eine reflektierte Welle mit dem Anfangswert $- d u_{30}$ auftritt, die also bei $x = l$ den Wert $- d u_{30}\, e^{-\gamma_3 l}$ hat, so daß nach Gl.(2) hier die Spannung verschwindet. Durch das Ersatzbild der Abb. 35 und durch Gl.(4) erfaßt man also sowohl offene wie kurzgeschlossene dritte Leitungen.

c) Das Quernebensprechen bei unterschiedlichen Wellengeschwindigkeiten. Wie beim Nahnebensprechen ergibt sich bei unterschiedlichen Wellengeschwindigkeiten für das Quernebensprechen aus Gl.(14.19b) an Stelle von Gl.(14.20b)

$$d u_{2(x+dx)} = -\frac{1}{2}\, u_{1x}\, \varkappa_{13}\, \varkappa_{32}\, \sqrt{\gamma_1 \gamma_2}\, dx$$

und wegen

$$u_{1l} = u_{1x}\, e^{-\gamma_1(l-x)}\,; \qquad u_{2l} = u_{2(x+dx)}\, e^{-\gamma_2(l-x)}$$

erhält man für die Summe der Beiträge aller Längenelemente:

$$\frac{u_{2l}''}{u_{1l}} = - \frac{\sqrt{\gamma_1 \gamma_2}}{2} e^{-(\gamma_2 - \gamma_1)l} \int\limits_{x=0}^{l} \varkappa_{13}(x)\, \varkappa_{32}(x)\, e^{+(\gamma_2 - \gamma_1)x}\, dx. \tag{5}$$

Für $\gamma_1 = \gamma_2$ geht dieser Wert, wie es sein muß, in das erste Glied von Gl. (15.14) bzw. Gl. (15.15) über. Das Quernebensprechen hängt nicht davon ab, ob die dritte Leitung abgeschlossen ist oder nicht. Das gesamte Fernnebensprechen ergibt sich in jedem Falle als Summe von Längs- und Quernebensprechen:

$$F_{12} \equiv \frac{u_{2l}}{u_{1l}} = \frac{u_{2l}'}{u_{1l}} + \frac{u_{2l}''}{u_{1l}}. \tag{6}$$

§ 18. Darstellung der Kopplungsverteilungen durch Fourierreihen.

Wie schon erwähnt, kann man die Gleichungen für das Fernnebensprechen erst dann weiter auswerten, wenn man eine analytische Darstellung der Abhängigkeit der Kopplungsfaktoren $\varkappa$ von der Längskoordinate x hat, weil man erst dann die Integrale berechnen kann. Man sollte also annehmen, daß man sich jetzt bestimmte technische Anordnungen vornehmen muß, bei denen sich im Einzelfall die Kopplungsverteilungen berechnen lassen, wie es z.B. in den §§ 10 und 11 geschehen ist. Das ist jedoch nicht erforderlich, wenn man die Kopplungsverteilungen durch Fourierreihen darstellt, denn dann lassen sich die Rechnungen noch weiter allgemein durchführen.

Eine beliebige, zwischen $x = 0$ und l gegebene Funktion läßt sich analytisch durch eine Fourierreihe darstellen. Diese Reihe ergibt zwischen l und $2l$, $2l$ und $3l$ usw. periodisch die gleichen Funktionswerte. Die Bedingung Gl. (16.10), die sich für die Gleichungen des Fernnebensprechens ergeben hatte, wird also durch einen derartigen Ansatz erfüllt.

a) Das unmittelbare Nahnebensprechen. Wir berechnen zunächst das Nahnebensprechen nach Gl. (15.13), wollen aber das Produkt $\varkappa_{13}\varkappa_{32}$ gegenüber $\varkappa_{12}$ vernachlässigen[1], uns also hier auf das unmittelbare Nahnebensprechen beschränken:

$$\frac{u_{20}}{u_{10}} = \gamma \int\limits_{x=0}^{l} \varkappa_{12}(x)\, e^{-2\gamma x}\, dx. \tag{1}$$

Für $\varkappa_{12}$ setzen wir folgende Fourierreihe an:

$$\varkappa_{12}(x) = \sum_{n=0}^{\infty} \varkappa_{12,\,n} \cos\left(n\frac{2\pi x}{l} + \varphi_{12,\,n}\right) \tag{2}$$

---

[1] Ob diese Voraussetzung zulässig ist, muß in jedem Einzelfall geprüft werden. Es kann nämlich sein, daß $\varkappa_{12}$ sehr viel kleiner als $\varkappa_{13}$ und $\varkappa_{32}$ ist.

und erhalten:

$$\frac{u_{20}}{u_{10}} = \gamma \sum_{n=0}^{\infty} \varkappa_{12,\,n} \int\limits_{x=0}^{l} \cos\left(n\,\frac{2\,\pi\,x}{l} + \varphi_{12,\,n}\right) e^{-2\gamma x}\,d\,x$$

$$= \gamma \sum_{n=0}^{\infty} \frac{\varkappa_{12,\,n}}{4\gamma^2 + (n\,2\,\pi/l)^2} \Bigg\{\Bigg[-2\,\gamma \cos\left(n\,2\pi\,\frac{x}{l} + \varphi_{12,\,n}\right)$$

$$+ \frac{n\,2\,\pi}{l} \sin\left(n\,2\pi\,\frac{x}{l} + \varphi_{12,\,n}\right)\Bigg] e^{-2\gamma x}\Bigg\}_{x=0}^{l}$$

und nach Einsetzen der Grenzen

$$N_{12} \equiv \frac{u_{20}}{u_{10}} = \frac{\gamma l}{2}\,(1 - e^{-2\gamma l}) \sum_{n=0}^{\infty} \frac{\varkappa_{12,\,n}}{\gamma^2 l^2 + n^2\,\pi^2}\,(\gamma l \cos\varphi_{12,\,n} - n\pi \sin\varphi_{12,\,n})\,. \quad (3)$$

Bei ungekreuzten Paralleldrahtleitungen ist der Kopplungsfaktor über die Länge konstant. Dieser Fall müßte sich also aus Gl. (3) für $n = 0$ ergeben. Man erhält:

$$\frac{u_{20}}{u_{10}} = \frac{1}{2}\,\varkappa_{12,\,0} \cos\varphi_{12,\,0}\,(1 - e^{-2\gamma l}) \qquad (3\,\text{a})$$

also für $\varkappa_{12,\,0} \cos\varphi_{12,\,0} = \varkappa_{12}$ den richtigen Wert Gl. (14.15 b), wenn man berücksichtigt, daß wir hier $\varkappa_{13}\varkappa_{32}$ gegen $\varkappa_{12}$ vernachlässigt haben. Eine weitere Anwendung dieser Gl. (3) werden wir später bei den gekreuzten Paralleldrahtleitungen machen.

b) Das Fernnebensprechen. Das Fernnebensprechen berechnen wir aus Gl. (16.13). Für die Kopplungsverteilungen setzen wir die beiden Fourierreihen an:

$$\varkappa_{13}\,(x) = \sum_{n=0}^{\infty} \varkappa_{13,\,n} \cos\left(n\,\frac{2\,\pi\,x}{l} + \varphi_{13,\,n}\right), \qquad (4\,\text{a})$$

$$\varkappa_{32}\,(x) = \sum_{n=0}^{\infty} \varkappa_{32,\,n} \cos\left(n\,\frac{2\,\pi\,x}{l} + \varphi_{32,\,n}\right), \qquad (4\,\text{b})$$

so daß

$$d\,\varkappa_{13}\,(x) = -\frac{2\,\pi}{l} \sum_{n=0}^{\infty} n\,\varkappa_{13,\,n} \sin\left(n\,\frac{2\,\pi\,x}{l} + \varphi_{13,\,n}\right) d\,x \qquad (4\,\text{c})$$

wird. Wir erhalten damit für das innere Teilintegral mit der Abkürzung

$$\alpha_{ik} = n\,\frac{2\,\pi\,\xi}{l} + \varphi_{ik,\,n}:$$

$$\int\limits_{\xi=x}^{x+l} e^{-2\gamma\xi}\, d\varkappa_{13}(\xi) = -\frac{2\pi}{l}\sum_{n=0}^{\infty} n\,\varkappa_{13,n} \int\limits_{\xi=x}^{x+l} \sin\alpha_{13}\, e^{-2\gamma\xi}\, d\xi$$

$$= -\frac{2\pi}{l}\sum_{n=0}^{\infty} \frac{n\,\varkappa_{13,n}}{4\gamma^2+(n\,2\pi/l)^2}\left[\left(-2\gamma\sin\alpha_{13}-\frac{n\,2\pi}{l}\cos\alpha_{13}\right)e^{-2\gamma x}\right]_{\xi=x}^{x+l}$$

und nach Einsetzen der Grenzen und Zusammenfassung:

$$\int\limits_{\xi=x}^{x+l} = -\frac{1}{2}e^{-2\gamma x}(1-e^{-2\gamma l})\sum_{n=0}^{\infty}\frac{\pi\,n\,\varkappa_{13,n}}{\gamma^2 l^2+n^2\pi^2}(2\gamma l\sin\alpha_{13}+n\,2\pi\cos\alpha_{13}).$$

Für das Fernnebensprechen ergibt sich damit:

$$\frac{u_2\,l}{u_1\,l}=$$

$$-\frac{\gamma}{4}\int\limits_{x=0}^{l}\sum_{n=0}^{\infty}\frac{n\,\pi\,\varkappa_{13,n}}{\gamma^2 l^2+n^2\pi^2}(2\gamma l\sin\alpha_{13}+n\,2\pi\cos\alpha_{13})\sum_{\mu=0}^{\infty}\varkappa_{32,\mu}\cos\alpha_{32}\,dx\,.$$

Nach Ausmultiplizieren der Reihen und anschließender Integration verschwinden alle Glieder, bei denen $n\neq\mu$ ist; nur die Glieder mit $n=\mu$ bleiben übrig[1]:

$$\frac{u_2\,l}{u_1\,l}=$$

$$-\frac{\gamma}{4}\sum_{n=1}^{\infty}\frac{n\,\pi\,\varkappa_{13,n}\,\varkappa_{32,n}}{\gamma^2 l^2+n^2\pi^2}\left(2\gamma l\int\limits_{x=0}^{l}\sin\alpha_{13}\cos\alpha_{32}\,dx+n\,2\pi\int\limits_{x=0}^{l}\cos\alpha_{13}\cos\alpha_{32}\,dx\right).$$

Es genügt dabei von $n=1$ an zu summieren, da für $n=0$ die rechte Seite der Gleichung verschwindet.

Unter Berücksichtigung der Gleichungen

$$\cos\alpha\,\cos\beta = \tfrac{1}{2}\cos(\alpha+\beta)+\tfrac{1}{2}\cos(\alpha-\beta)$$

$$\sin\alpha\,\cos\beta = \tfrac{1}{2}\sin(\alpha+\beta)+\tfrac{1}{2}\sin(\alpha-\beta)$$

$$\int\limits_{x=0}^{l}{\sin\atop\cos}\left(2n\frac{2\pi x}{l}+\varphi_{13,n}+\varphi_{32,n}\right)=0$$

erhält man daraus schließlich

$$\left.\begin{array}{c}F_{12}\\F_{21}\end{array}\right\}=-\frac{\gamma l}{4}\sum_{n=1}^{\infty}\frac{n\,\pi\,\varkappa_{13,n}\,\varkappa_{32,n}}{\gamma^2 l^2+n^2\pi^2}\left[n\,\pi\cos(\varphi_{13,n}-\varphi_{32,n})\pm\gamma l\sin(\varphi_{13,n}-\varphi_{32,n})\right].$$

$$(5)$$

[1] Daraus folgt z.B., daß das Fernnebensprechen verschwindet, wenn beide Kopplungsverteilungen periodisch sind, aber die Periode verschieden ist und die Leitungslänge eine ganze Zahl von Perioden enthält.

Das ist die Gleichung für das Fernnebensprechen zweier Leitungen 1 und 2 bei Vorhandensein einer beidseitig offenen dritten Leitung 3. Dabei gilt, wenn Leitung 1 die störende und Leitung 2 die gestörte ist, das obere Vorzeichen. Es ist leicht zu erkennen, wie sich das Fernnebensprechen beim Leitungstausch verhält, d.h. wenn man umgekehrt in Leitung 2 sendet und in Leitung 1 empfängt. Dann ändert nämlich nur der Sinus sein Vorzeichen, d.h. beim Leitungstausch gilt das untere Vorzeichen. Wir haben hiermit also die theoretische Erklärung des sog. *Tauscheffektes*, der in der Praxis eine große Rolle spielt. Man versteht darunter die Erscheinung, daß beim Vertauschen von störender und gestörter Leitung sich unterschiedliche Nebensprechwerte ergeben (vgl. auch Seite 101).

Es gibt noch eine andere Möglichkeit für das Auftreten eines Tauscheffektes, nämlich die Auswirkung unterschiedlicher Wellengeschwindigkeiten auf den Leitungen. In unserem Fall waren die Wellengeschwindigkeiten als gleich angenommen, wie es z. B. beim Imvierernebensprechen in einem Sternviererkabel der Fall ist.

III. Anwendung der Theorie auf technische Probleme.

§ 19*. Bespulte Niederfrequenzkabel.

a) Das Nebensprechen im Spulenfeld. Solange man die Verstärkertechnik noch nicht genügend durchgebildet hatte, war man genötigt, die bei Kabelleitungen erforderliche Verminderung der Leitungsdämpfung durch eine möglichst starke Pupinisierung zu erreichen. In der damaligen Zeit nach dem ersten Weltkrieg beschäftigte man sich daher vor allem mit dem Nebensprechen dieser bespulten Niederfrequenzkabel und mit den Maßnahmen zu seiner Verringerung, dem Nebensprechausgleich [3], [25]. Nach dem in Deutschland gebräuchlichen Verfahren wird der Ausgleich durch Zusatzkondensatoren ausgeführt, die in Abständen eingeschaltet werden, die kurz gegenüber der Wellenlänge sind. Man verwendet als Ausgleichsabschnitt die Spulenfelder, d.h. Längen von damals 2 km, später 1,7 km.

Für den Zusammenhang zwischen der nach dem Ausgleich eines Spulenfeldes der Länge s noch verbleibenden Restkopplung mit dem Nahnebensprechen bzw. dem Fernnebensprechen gelten daher die Gl. (14.19 a) und (14.19 b), wobei man s statt dx zu schreiben hat. Diese Gleichungen gelten an sich nur für gleichmäßige Leitungen. Man kann aber zeigen, daß man eine bespulte Leitung näherungsweise durch eine gleichmäßige Leitung mit erhöhter Induktivität ersetzen kann, daß es also für gewisse Fälle zulässig ist, sich die konzentrierten Zusatzinduktivitäten der Spulen gleichmäßig über die Länge verteilt zu denken. Die Erhöhung der Induktivität bedeutet auch eine Erhöhung des Wellenwiderstandes. Es zeigt sich weiterhin, daß diese Wellenwiderstandserhöhung so groß ist, daß man in Gl.(14.19 a) und Gl.(14.19 b) den magnetischen Anteil $L_{12}/Z_1 Z_2$ gegenüber dem elektrischen Anteil C_{12} vernachlässigen kann.

Es wird daher in diesem Fall die Nahnebensprechspannung und die Fernnebensprechspannung gleich:

$$U_{2x} = U_{2(x+s)} = \tfrac{1}{2} U_{1x} Z_2 \, j \, \omega \, C_{12} \, s. \tag{1}$$

Bei Einführung der Nebensprechdämpfungen nach § 12

$$b_N \equiv - \ln \left| N_{12} \right| = \ln \left| \frac{U_{1x}}{U_{2x}} \sqrt{\frac{Z_2}{Z_1}} \right|$$

$$b_F \equiv - \ln \left| F_{12} \right| = \ln \left| \frac{U_{1x}}{U_{2(x+s)}} \sqrt{\frac{Z_2}{Z_1}} \right|$$

wird also:

$$b_N = b_F = \ln \frac{2}{\omega \left| C_{12} \right| \sqrt{Z_1 Z_2} \, s}. \tag{2}$$

Man erhält die in der Literatur übliche Schreibweise dieser Gleichung, wenn man nach Gl.(9.10) statt der gegenseitigen Kapazität C_{12} für das Übersprechen $\tfrac{1}{4} k_1$ und für das Mitsprechen $\tfrac{1}{2} k_2$ bzw. $\tfrac{1}{2} k_3$ schreibt[1]; es entsteht dann in Gl.(2) im Zähler der Faktor 8 bzw. 4.

Da im überwiegenden Teil des Übertragungsbereichs der Wellenwiderstand angenähert reell und konstant ist, ist nach Gl.(1) das Nebensprechen in diesem Fall rein imaginär und proportional der Frequenz. Bemerkenswert ist auch, daß die Größe C_{12} nicht nur von der Lage der Leitungen 1 und 2 zueinander abhängt, sondern daß nach Gl.(7.1c) auch die dritten Leitungen eine Rolle spielen:

$$N_{12} = F_{12} = \frac{1}{2} \, j \, \omega \, \frac{\sqrt{Z_1 Z_2} \, s}{K_1 K_2} \left(K_{12} - \frac{K_{13} K_{32}}{K_3} - \cdots \right). \tag{1 a}$$

Es genügt also nicht, nur die unmittelbaren Kopplungen auszugleichen, sondern man muß auch die zu den dritten Leitungen, d.h. in der Regel die zu den unsymmetrischen Systemen berücksichtigen (Ausgleich der Außenerdkopplungen, vgl. [6], [24], [26]).

b) Der Zusammenhang Spulenfeldnebensprechen und Verstärkerfeldnebensprechen. Nach dem Nebensprechausgleich bleibt in jedem Spulenfeld eine bestimmte Restkopplung übrig und es entsteht dadurch an seinem Anfang bzw. Ende eine Nebensprechspannung, die durch Gl.(1) gegeben ist. Die Spannungen aller Spulenfelder addieren sich am

---

[1] Da hier der Betrag zu bilden ist, fallen die Vorzeichen von k_1, k_2 und k_3 weg.

Anfang bzw. Ende der Leitung und ergeben so das Nahnebensprechen bzw. das Fernnebensprechen des Verstärkerfeldes. Wir betrachten hier nur das Nahnebensprechen.

Das Nahnebensprechen am Anfang des i-ten Spulenfeldes ist nach Gl. (1):

$$N_{12,i} \equiv \frac{U_{2,i}}{U_{1,i}} \sqrt{\frac{Z_1}{Z_2}} = \frac{1}{2}\, j\, \omega\, C_{12} \sqrt{Z_1 Z_2}\, s\,. \tag{3}$$

Dabei sind $U_{2,i}$ und $U_{1,i}$ die Spannungen am Anfang des i-ten Spulenfeldes. Wir führen

$$U_{10} = U_{1,i}\, e^{+\gamma_1(i-1)s}; \quad U_{2,i0} = U_{2,i}\, e^{-\gamma_2(i-1)s},$$

d.h. die Spannungen am Anfang des Verstärkerfeldes ein und erhalten so das Nahnebensprechen wie in § 14d als Summe der Anteile der einzelnen Spulenfelder mit $\sum\limits_{i=1}^{n} U_{2,i0} \equiv U_{20}$:

$$N_{12} \equiv \frac{U_{20}}{U_{10}} \sqrt{\frac{Z_1}{Z_2}} = \frac{1}{2}\, j\, \omega\, \sqrt{Z_1 Z_2}\, s \sum\limits_{i=1}^{n} C_{12,i}\, e^{-(\gamma_1+\gamma_2)(i-1)s}\,. \tag{4}$$

Wenn man jeweils die Werte C_{12} der gegenseitigen Kapazitäten in den einzelnen Spulenfeldern kennte, könnte man hiernach das Nahnebensprechen genau berechnen. Das ist jedoch in der Regel nicht der Fall und vor allem auch nur von geringem praktischen Interesse, weil sich mit den Mitteln der mathematischen Statistik aus dieser Gleichung auf wesentlich einfachere Art die praktisch wichtigen Aussagen ableiten lassen.

Für das Nahnebensprechen im Verstärkerfeld sind gewisse Höchstwerte vorgeschrieben, die nicht überschritten werden dürfen. Das wird dadurch erreicht, daß in jedem Spulenfeld die gegenseitigen Kapazitäten C_{12} durch Zusatzkondensatoren so weit herabgesetzt werden, daß auch sie in einem bestimmten Toleranzbereich liegen. Für die Festlegung dieser Toleranzen interessiert also der Zusammenhang zwischen den Höchstwerten der C_{12} und den Höchstwerten des Nahnebensprechens N_{12}.

Diese Fragen lassen sich behandeln, wenn man nicht absolute Höchstwerte betrachtet, sondern wenn man unter „Höchstwerten" solche Werte versteht, die nur sehr selten, z.B. nur in 1% aller Fälle überschritten werden. Nur in diesem letzteren Sinne wollen wir weiterhin den Begriff Höchstwert gebrauchen. Wenn die Werte C_{12}, mit denen wir uns zunächst beschäftigen, sehr zahlreich sind und wenn sie sich nach einer GAUSSschen Verteilungskurve ordnen lassen, verschwindet ihr arithmetischer Mittelwert[1]: $\overline{C_{12}} = 0$; ihr quadratischer Mittelwert $\sqrt{\overline{C_{12}^2}}$ (d.h. die Wurzel aus dem arithmetischen Mittelwert der Quadrate) steht unter diesen Vor-

---

[1] Der arithmetische Mittelwert ist in den Gleichungen durch Überstreichen angedeutet.

6*

aussetzungen in einem ganz bestimmten Verhältnis zum Höchstwert. Zum Beispiel ist der 1%-Höchstwert (d.h. der Wert, der nur in 1% aller Fälle überschritten wird) gleich dem 2,6fachen quadratischen Mittelwert. Es genügt also, wenn man weiterhin den quadratischen Mittelwert betrachtet.

Im einzelnen ist der Gedankengang bei der Berechnung folgendermaßen. Es interessiert nur der *Betrag* des Nahnebensprechens, den man aus der Multiplikation mit dem konjungiert komplexen Wert[1] erhält. Für irgendeine Verteilung μ der C_{12} über sämtliche Spulenfelder erhält man daher aus Gl.(4)

$$\left| N_{12}^{(\mu)} \right|^2 = N_{12}^{(\mu)} N_{12}^{*\,(\mu)} = \frac{\omega^2}{4} Z_1 Z_2 s^2 \sum_{i=1}^{n} C_{12}^{(i,\mu)} e^{-(\gamma_1+\gamma_2)(i-1)s} \sum_{k=1}^{n} C_{12}^{(k,\mu)} e^{-(\gamma_1^*+\gamma_2^*)(k-1)s} \tag{5}$$

Wir nehmen nun an, daß die C_{12} in jedem Spulenfeld nur p bestimmte Werte annehmen können[2]; im übrigen wollen wir nur noch voraussetzen, daß der arithmetische Mittelwert dieser p Werte verschwindet $(\overline{C_{12}} \equiv \frac{1}{p} \sum_{r=1}^{p} C_{12}^{(r)} = 0)$ und daß die C_{12} in den einzelnen Spulenfeldern voneinander unabhängig sind[3]. Das letztere bedeutet folgendes: die p Werte, die die C_{12} annehmen können, treten in jedem Spulenfeld unabhängig von den Werten in den übrigen Spulenfeldern auf; zu jedem Wert von z.B. $C_{12}^{(1)}$ im ersten Spulenfeld können also sämtliche p Werte z.B. im zweiten Spulenfeld und ebenso in allen anderen Spulenfeldern auftreten. Insgesamt sind p^n verschiedene Verteilungen der C_{12} über sämtliche n Spulenfelder möglich, d.h. μ läuft von 1 bis p^n.

Für jede dieser p^n Verteilungen ist $\left| N_{12}^{(\mu)} \right|^2$ nach Gl.(5) berechenbar. Wir berechnen den Mittelwert über alle diese Verteilungen[4]:

$$\begin{aligned}
\overline{\left| N_{12} \right|^2} &\equiv \frac{1}{p^n} \sum_{\mu=1}^{p^n} \left| N_{12}^{(\mu)} \right|^2 \\
&= \frac{\omega^2}{4 p^n} Z_1 Z_2 s^2 \sum_{\mu=1}^{p^n} \sum_{i=1}^{n} \sum_{k=1}^{n} C_{12}^{(i,\mu)} C_{12}^{(k,\mu)} e^{-(\gamma_1+\gamma_2)(i-1)s} e^{-(\gamma_1^*+\gamma_2^*)(k-1)s} \\
&= \frac{\omega^2}{4 p^n} Z_1 Z_2 s^2 \sum_{i=1}^{n} \sum_{k=1}^{n} \left(\sum_{\mu=1}^{p^n} C_{12}^{(i,\mu)} C_{12}^{(k,\mu)} \right) e^{-(\gamma_1+\gamma_2)(i-1)s} e^{-(\gamma_1^*+\gamma_2^*)(k-1)s}.
\end{aligned} \tag{6}$$

[1] Die konjungiert komplexen Werte sind durch einen Stern angedeutet.

[2] Diese Voraussetzung bedeutet gegenüber der Praxis keine Einschränkung, da ja p als eine sehr große Zahl angenommen werden kann. Bemerkenswerterweise ist das Endergebnis Gl.(8) unabhängig von p.

[3] Eine besondere Verteilungsfunktion, z.B. die GAUSSsche Verteilung, ist also hier noch nicht vorausgesetzt.

[4] Zu dem Rechnen mit den endlichen Summen ist folgendes zu sagen: Man kann sich die erforderlichen Umformungen zwar ohne Schwierigkeit aber mit großem Schreibaufwand durch Hinschreiben der einzelnen Glieder für kleine Werte von n und p klarmachen; wesentlich rationeller ist es jedoch, sich der formalen Rechenregeln der Integralrechnung zu bedienen. Z.B. konnte in Gl.(5) das Produkt der beiden Summen in Gl.(6) als Doppelsummen geschrieben werden, da die Summationsvariablen (i und k) verschieden bezeichnet sind [vgl. auch entsprechend Gl.(16.5 b) und Gl.(16.5 b′) auf Seite 70 bzw. 71]. Unter der gleichen Voraussetzung kann man auch die Reihenfolge der Summationen ändern, falls wie hier

Für die Betrachtung der Summe in der runden Klammer haben wir die beiden Fälle $i \neq k$ und $i = k$ zu unterscheiden. Liegen die C_{12} in zwei *verschiedenen* Spulenfeldern i und k, so verschwindet diese Summe, weil zu jedem $C_{12}^{(i)}$ sämtliche möglichen Werte C_{12} im Spulenfeld k gehören, die Summe aller C_{12} aber gleich Null ist (wegen $\overline{C_{12}} = 0$).

Es bleiben also bloß die Glieder mit $i = k$ übrig. Da $\gamma + \gamma^* = 2\alpha$ ist, vereinfacht sich Gl. (6) zu

$$\overline{|N_{12}|^2} = \frac{\omega^2}{4\,p^n} Z_1 Z_2 \, s^2 \sum_{i=1}^{n} \left(\sum_{\mu=1}^{pn} C_{12}^{(i,\mu)2} \right) e^{-2(\alpha_1+\alpha_2)(i-1)s}. \tag{7}$$

In der Summe $\mu = 1, 2, \ldots p^n$ treten alle p möglichen Werte von C_{12} auf (und zwar jeder p^{n-1} mal), sie hat daher für sämtliche Spulenfelder den gleichen Wert und kann aus der Summe $i = 1, \ldots n$ als konstanter Faktor herausgenommen werden. Dieser Faktor ist:

$$\sum_{\mu=1}^{pn} (C_{12}^{(\mu)})^2 = p^{n-1} \sum_{\mu=1}^{p} (C_{12}^{(\mu)})^2 = p^{n-1}\, p\, \overline{C_{12}^2}$$

und wir erhalten aus Gl. (7):

$$\overline{|N_{12}|^2} = \frac{\omega^2}{4} Z_1 Z_2 \, s^2 \, \overline{C_{12}^2} \sum_{i=1}^{n} e^{-2(\alpha_1+\alpha_2)(i-1)s}. \tag{8}$$

Die übrigbleibende Summe $i = 1, \ldots, n$ ist eine geometrische Reihe, die sich geschlossen summieren läßt ($ns = $ gesamte Kabellänge l):

$$\sqrt{\overline{|N_{12}|^2}} = \frac{1}{2}\, \omega \sqrt{\overline{C_{12}^2}}\, s \sqrt{Z_1 Z_2} \sqrt{\frac{1 - e^{-2(\alpha_1+\alpha_2)l}}{1 - e^{-2(\alpha_1+\alpha_2)s}}}. \tag{9}$$

Damit ist aus der praktisch unbrauchbaren Gl. (4) eine ohne Schwierigkeiten auswertbare Beziehung zwischen dem quadratischen Mittelwert der C_{12} und dem des Nahnebensprechens gewonnen. Sie gilt völlig exakt ohne jede Näherung, allerdings ist es nicht selbstverständlich, daß die beiden durch Gl. (9) verknüpften Größen $\sqrt{\overline{|N_{12}|^2}}$ und $\sqrt{\overline{C_{12}^2}}$ auch praktisch von Interesse sind. Wir machen daher nun die zusätzliche Annahme, daß sowohl für die C_{12} als auch für die $|N_{12}|$ eine Gaußssche Verteilungsfunktion gilt. In diesem Fall sind, wie oben auseinandergesetzt, die „Höchstwerte" ein bestimmtes Vielfaches der quadratischen Mittelwerte, so daß dann Gl. (9) auch für diese Höchstwerte gilt.

Bei einem üblichen Pupinkabel läßt sich Gl. (9) noch etwas vereinfachen, weil die gesamte Kabeldämpfung αl groß ist und die Spulenfelddämpfung αs (und auch ihr Vierfaches) klein gegen 1 ist. Dann kann man $e^{-2(\alpha_1+\alpha_2)l}$ gegenüber 1 vernachlässigen und im Nenner die Ex-

die Grenzen konstant sind. Das hat dann Vorteile, wenn einzelne Teile der Summanden nicht von allen Summationsvariablen abhängen [z. B. sind in Gl. (6) die Exponentialfunktionen unabhängig von μ, können also aus der Summierung über μ herausgenommen werden].

ponentialreihe entwickeln und nach dem ersten Glied abbrechen. Dann geht Gl. (9) über in

$$\sqrt{\overline{|N_{12}|^2}} = \frac{1}{2}\,\omega\,\sqrt{\overline{C_{12}^2}}\;s\,\frac{\sqrt{Z_1 Z_2}}{\sqrt{2\,(\alpha_1 + \alpha_2)\,s}}\,. \qquad (9\,\text{a})$$

Die Bedeutung dieser Gleichung für die Praxis liegt nicht etwa darin, daß man jetzt aus den gegenseitigen Kapazitäten C_{12}, also aus den Übersprechkopplungen k_1 oder den Mitsprechkopplungen k_2 das Nahnebensprechen berechnen kann. Vielmehr ist umgekehrt der zulässige Höchstwert des Nahnebensprechens im Verstärkerfeld der Länge l gegeben und man rechnet nun aus Gl. (9 a) aus, welche Toleranzen man damit für C_{12} bzw. für k_1 oder k_2 vorschreiben muß.

Entsprechende Gleichungen wie (9) und (9 a) gelten für das unsystematische Nahnebensprechen auf *Freileitungen*. Man versteht darunter den Anteil, der durch die Bauungenauigkeiten, also im wesentlichen durch die Durchhangsdifferenzen, bedingt wird (vgl. auch § 22a). Jede Abweichung des Drahtdurchhangs in dem Mastfeld der Länge w von dem Durchhang der ideal genau gebauten Linie ruft eine zusätzliche gegenseitige Kapazität C_{12} und eine zusätzliche Gegeninduktivität L_{12} hervor. In dem Mastfeld mit der Nummer i ist daher nach Gl. (14.19 a) das zusätzliche Nahnebensprechen gegeben durch:

$$N_{12,\,i} = \tfrac{1}{2}\,j\,\omega\,(C_{12} + L_{12}/Z_1 Z_2)\,\sqrt{Z_1 Z_2}\;w\,. \qquad (10)$$

Berücksichtigt man nur das unmittelbare Nahnebensprechen, so ist bei Freileitungen:

$$C_{12} + L_{12}/Z_1 Z_2 = 2\,C_{12}\,. \qquad (10\,\text{a})$$

Man kann also die für Pupinkabel durchgeführte Rechnung für die Freileitungen übernehmen, wenn man C_{12} durch $2\,C_{12}$ und die Spulenfeldlänge s durch die Mastfeldlänge w ersetzt.

§ 20*. Doppeldrehkreuzlinien.

Im § 10 hatten wir die Kopplungen in einer Doppeldrehkreuzlinie in Abhängigkeit von der Längskoordinate x bzw. vom Drehwinkel $\vartheta_1 = \dfrac{\pi\,x}{2\,w}$ errechnet [Gl. (10.3 a) und (10.3 b)]. Setzen wir diese Gleichungen in die allgemeine Gl. (18.5) ein, so erhalten wir unmittelbar das Fernnebensprechen zwischen den beiden Stämmen I und II. Es besteht aus zwei Anteilen, von denen einer über das Viererphantom V und der andere über das unsymmetrische System[1] U zustande kommt.

---

[1] Wir setzen dabei voraus, daß das Magnetfeld bei den interessierenden Frequenzen nicht mehr allzu tief in die Erde eindringt, so daß wir die innere Induktivität der Erde vernachlässigen können. Die gute Übereinstimmung der Meßergebnisse mit der theoretisch abgeleiteten Gleichung rechtfertigt nachträglich diese Annahme.

Die für diese Rechnung benötigten vier Kopplungsfaktoren erhalten aus Gl. (10.3 a) und (10.3 b) mit den beiden Abkürzungen:

$$\left.\begin{aligned}
\varkappa_v &= \frac{r\, d\, \sqrt{2}}{(d^2 + 2\, r^2)\, \sqrt{\ln \dfrac{2\, r}{\varrho}\, \ln \dfrac{d^2 + 2\, r^2}{2\, r\, \varrho}}} \\[2em]
\varkappa_u &= \frac{r\, d\, \sqrt{2}}{(d^2 + 2\, r^2)\, \sqrt{\ln \dfrac{2\, r}{\varrho}\, \ln \dfrac{8\, h^4}{r\, \varrho\, (d^2 + 2\, r^2)}}}
\end{aligned}\right\} \tag{1}$$

folgende Werte:

$$\left.\begin{aligned}
\varkappa_{\mathrm{I}\,v} &\equiv \frac{K_{\mathrm{I}\,v}}{\sqrt{K_{\mathrm{I}}\, K_v}} = -\,\varkappa_v \cos \frac{\pi\, x}{2\, w} \\[1.5em]
\varkappa_{\mathrm{II}\,v} &\equiv \frac{K_{\mathrm{II}\,v}}{\sqrt{K_{\mathrm{II}}\, K_v}} = -\,\varkappa_v \sin \frac{\pi\, x}{2\, w} \\[1.5em]
\varkappa_{\mathrm{I}\,u} &\equiv \frac{K_{\mathrm{I}\,u}}{\sqrt{K_{\mathrm{I}}\, K_u}} = +\,\varkappa_u \cos \frac{\pi\, x}{2\, w} \\[1.5em]
\varkappa_{\mathrm{II}\,u} &\equiv \frac{K_{\mathrm{II}\,u}}{\sqrt{K_{\mathrm{II}}\, K_u}} = -\,\varkappa_u \sin \frac{\pi\, x}{2\, w}
\end{aligned}\right\} \tag{2}$$

Die Fourierreihen Gl. (18.4 a) und Gl. (18.4 b) reduzieren sich also in unserem Fall auf je ein Glied, und zwar das mit der Nummer $n = l/4\, w$. Außerdem ist zu setzen

$$\varphi_{\mathrm{I}\,v} = \varphi_{\mathrm{I}\,u} = 0\,; \quad \varphi_{\mathrm{II}\,v} = \varphi_{\mathrm{II}\,u} = -\,\pi/2\,.$$

Man setzt dies für die beiden dritten Leitungen, unsymmetrisches System U und Viererphantom V in Gl. (18.5) ein, addiert beide Anteile und erhält nach Zusammenfassung:

$$F_{\mathrm{I}\,\mathrm{II}} = F_{\mathrm{I}\,u\,\mathrm{II}} + F_{\mathrm{I}\,v\,\mathrm{II}} = \frac{\gamma^2\, l\, w\, \pi}{16\, \gamma^2\, w^2 + \pi^2}\left(\varkappa_u^2 - \varkappa_v^2\right). \tag{3}$$

Damit ist das Fernnebensprechen $F_{\mathrm{I}\,\mathrm{II}}$ zwischen der oberen und der unteren Leitung der Doppeldrehkreuzlinie aus den geometrischen Abmessungen zahlenmäßig berechenbar. Die Gleichung gilt für alle Frequenzen, auch in der Umgebung von $\beta w = \pi/4$, d. h. bei der Resonanzfrequenz, bei der die Achtelwellenlänge gleich der Mastfeldlänge w ist. Im praktischen Betrieb arbeitet man weit außerhalb dieser Resonanz und man kann also $16\, \gamma^2 w^2$ gegen π^2 streichen. In diesem Fall ist das Fernnebensprechen proportional dem Quadrat der Frequenz, sowie proportional der Leitungslänge l und der Mastfeldlänge w.

Mit dieser Gl. (3), die im Jahre 1944[1] abgeleitet wurde [29], war es

---

[1] Die damalige Ableitung setzte voraus, daß die Drähte sich nach Abb. 14 auf einem Quadrat statt auf einem Kreis bewegen und war daher etwas verwickelter.

möglich, das Fernnebensprechen einer betrieblichen Anordnung rein theoretisch, d. h. ohne Verwendung von Meßwerten wie Kopplungen usw. zu berechnen. Sie diente damals zur Festlegung des günstigsten Gestängebildes der Doppeldrehkreuzlinie, und ihre Brauchbarkeit wurde aus diesem Grunde zunächst an einer eigens dafür gebauten Versuchslinie Rathenow—Premnitz von etwa 7 km Länge geprüft. Diese Linie hatte folgende geometrische Abmessungen (Abb. 36):
$d = 103,5$ cm, $e_1 = 38$ cm, $e_2 = 33$ cm, Leitungslänge $l = 7,1$ km, Mastabstand $w = 40$ m, Drahtradius $\varrho = 0,15$ cm (d. h. Drahtdurchmesser 3 mm), Höhe über Erde $h \approx 5$ m. Den wirksamen Leitungsradius r entnimmt man am einfachsten aus einer maßstäblichen Zeichnung der Drahtlage; er ist $r \approx 15$ cm.

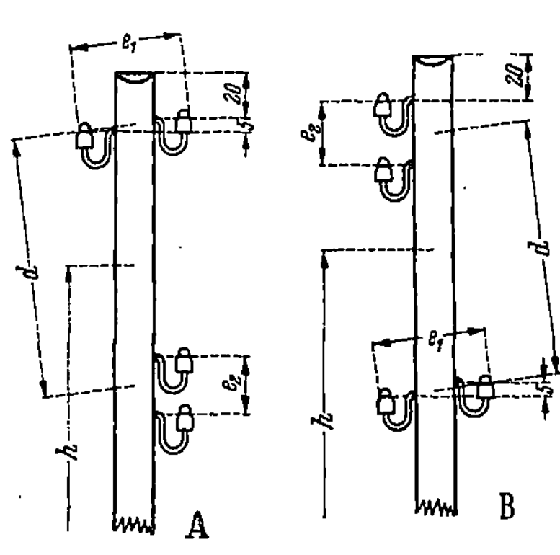

Abb. 36. Gestängebild der Doppeldrehkreuzlinie.

Abb. 37 enthält die Meßergebnisse an dieser Versuchslinie sowie die aus den angegebenen Zahlenwerten nach der Gl. (3) berechnete theoretische Kurve. Aus der überraschend guten Übereinstimmung darf man schließen, daß die Theorie alle wesentlichen Einflüsse erfaßt hat und daß man daher die Gleichung auch auf andere Abmessungen, insbesondere größere Leitungslängen und andere Gestängebilder anwenden darf. Weitere umfangreiche Messungen an Betriebslinien, die allerdings im Jahre 1945 zum größten Teil verlorengegangen sind, haben diese Annahme bestätigt.

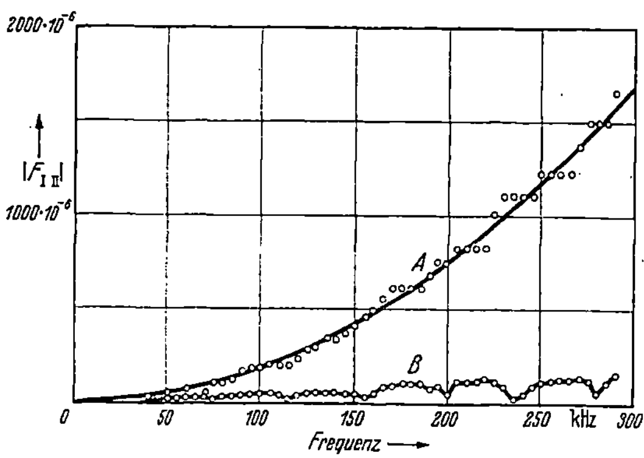

Abb. 37. Meß- und Rechnungsergebnisse an einer Doppeldrehkreuzlinie von 7 km Länge (A: Leitungen ohne Zusatzkreuzung. B: Eine Leitung mit Zusatzkreuzung in der Mitte der Linie).

Eine überschlägliche Rechnung zeigt, daß bei einer Ausnutzung der Linie bis etwa 150 kHz und den üblichen Leitungslängen das Fernnebensprechen $F_{\mathrm{I\,II}}$ bei weitem die zulässigen Werte übersteigen würde. Da aber $F_{\mathrm{I\,II}}$ nach Gl. (3) längenproportional ist, muß es nach einem Vorschlag von F. Rinck (vgl. auch § 2) möglich sein, durch eine Zusatzkreuzung in der Mitte einer Leitung, also durch Gegeneinanderschalten des Fernnebensprechens beider Leitungshälften das Fernnebensprechen der gesamten Länge zum Verschwinden zu bringen. Abb. 37 zeigt, daß diese Zusatzkreuzung tatsächlich eine wesentliche Verbesserung des Fernnebensprechens brachte. Es fällt auf, daß der Restanteil etwa alle 40 kHz eine Nullstelle hat. Man kann daraus im Vergleich mit Abb. 22 schließen, daß in ihm der Faktor $(1 - e^{-2\gamma l})$ steckt, da für 40 kHz die Wellenlänge etwa gleich der Leitungslänge 7,1 km ist. Ob aber dieser Restanteil durch reflektiertes Nahnebensprechen infolge zu schlechter Anpassung bei der Messung entstanden ist, läßt sich heute nicht mehr feststellen, zumal damals das Nahnebensprechen der Versuchslinie nicht untersucht wurde.

§ 21*. Gekreuzte Paralleldrahtleitungen.

a) Kreuzungspläne. Freileitungen sind in der Regel (d.h. abgesehen von den Drehkreuzlinien, vgl. § 20) Paralleldrahtleitungen, die zur Verringerung des Nebensprechens nach bestimmten Kreuzungsplänen an einzelnen Masten gekreuzt sind. Dem praktischen Bedürfnis folgend, hat man in den Jahren nach dem ersten Weltkrieg zunächst die Theorie des *Nah*nebensprechens dieser Leitungen entwickelt. Denn bei dem damaligen verstärkerlosen niederfrequenten Betrieb wird auf einer Doppelleitung in beiden Richtungen gesprochen, es macht sich auf einer anderen Leitung also sowohl das Nahnebensprechen wie das Fernnebensprechen bemerkbar. Da aber bei Freileitungen das Nahnebensprechen immer wesentlich größer als das Fernnebensprechen ist, genügte es bei diesem wechselseitigen Betrieb, wenn man sich mit der Verringerung des *Nah*nebensprechens befaßte. Später, bei Einführung der Trägerfrequenztechnik und damit der Verstärker, wurde es möglich, die Fälle des Nahnebensprechens grundsätzlich zu vermeiden. Es mußte nun also auch die Theorie des Fernnebensprechens entwickelt werden.

Wir betrachten die Kreuzungspläne zunächst vom Standpunkt des Nahnebensprechens. Hier liegen die Verhältnisse dann besonders einfach, wenn man sich auf das unmittelbare Nahnebensprechen beschränkt, so daß man nur die Beeinflussung der beiden betrachteten Leitungen 1 und 2 aufeinander zu berücksichtigen hat unter Vernachlässigung des Einflusses der dritten Leitungen.

Aus den allgemeinen Gleichungen für die (elektrische oder magnetische) Gegeninduktivität zweier Leitungen (§ 8) folgt, daß bei Umpolung (Kreuzung) einer der beiden Leitungen die Gegeninduktivität und damit der Kopplungsfaktor negativ wird. Werden jedoch beide Leitungen an der gleichen Stelle der Linie gekreuzt, dann tritt keine Änderung des Vorzeichens gegenüber dem ungekreuzten Fall ein; beide Kreuzungen heben sich demnach gegenseitig auf. Bei nur zwei Leitungen ist es daher gleichgültig, in welcher der beiden Leitungen die Kreuzungen sitzen. Man überträgt zweckmäßig in diesem Fall alle Kreuzungen auf *eine* Leitung und betrachtet nur diesen sog. *relativen Kreuzungsplan.*

Im einfachsten Fall sind alle Kreuzungen in dem relativen Kreuzungsplan gleich weit voneinander entfernt, so daß alle n Kreuzungsabschnitte die gleiche Länge s haben. Es ist also die Leitungslänge $l = ns$. Man sagt, ein solcher Kreuzungsplan habe den Kreuzungsindex 1. Die Anzahl n der Kreuzungsabschnitte muß gerade sein, denn man wird verlangen, daß der Mittelwert des Kopplungsfaktors über die Länge verschwindet:

$$\int_{x=0}^{l} \varkappa_{12}\, dx = 0 . \tag{1}$$

Einen solchen Kreuzungsplan, der dieser Bedingung Gl.(1) genügt, nennt man „ausgekreuzt". Bei ihm ist die Zahl der Kreuzungsabschnitte mit positivem $\varkappa_{12}$ gleich der der mit negativem $\varkappa_{12}$. Daß diese Forderung Gl.(1) sinnvoll ist, erkennt man anschaulich daran, daß durch je zwei aufeinanderfolgende gleichlange Abschnitte mit verschiedenem Vorzeichen der $\varkappa_{12}$ eine Kompensation des Nahnebensprechens eintritt, solange die Frequenzen noch so niedrig sind, daß die Laufzeitunterschiede der einzelnen Abschnitte keine Rolle spielen. Mit wechselnder Frequenz wird der Ausgleich offenbar schlechter.

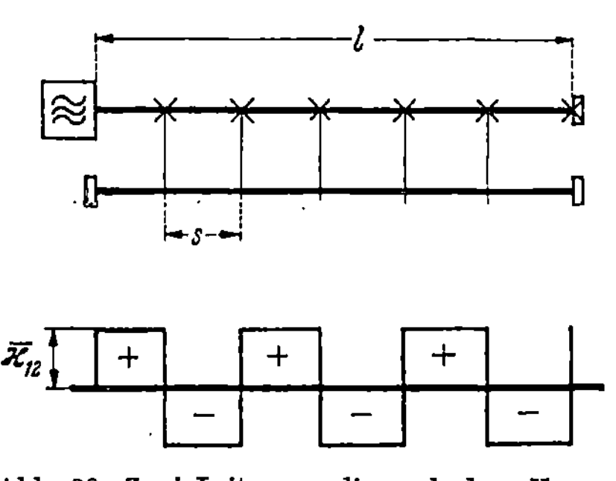

Abb. 38. Zwei Leitungen, die nach dem Kreuzungsindex 1 gekreuzt sind, und ihr Kopplungsverlauf.

Zwei solche Leitungen, die nach dem *relativen* Kreuzungsplan mit dem Index 1 gekreuzt sind (bei denen also z. B. die Leitung 1 ungekreuzt, die Leitung 2 nach dem Index 1 gekreuzt ist, Abb. 38), sind demnach nahnebensprechmäßig gegeneinander geschützt, solange die Frequenzen nicht zu hoch sind. Kommt jedoch eine weitere Leitung 3 hinzu, so kann sie nicht auch den Index 1 erhalten, weil dann zwei Leitungen den gleichen Kreuzungsplan hätten, also überhaupt nicht gegeneinander geschützt wären. Gibt man jedoch der Leitung 3 einen Kreuzungsplan mit dem doppelten Kreuzungsabschnitt

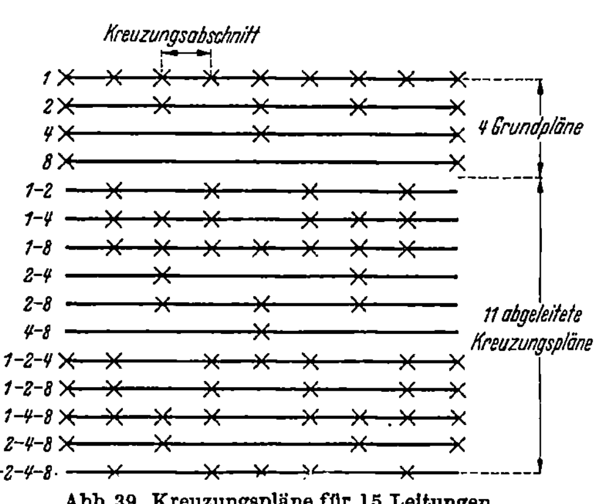

Abb. 39. Kreuzungspläne für 15 Leitungen.

wie Leitung 2, also einen Plan mit dem Kreuzungsindex 2, dann sind alle 3 Leitungen gegeneinander gekreuzt; der relative Kreuzungsplan von Leitung 2 und 3 besteht dann aus der Überlagerung der Pläne 1 und 2 und wird mit dem Index 1—2 bezeichnet. Die 3 Pläne 1, 2 und 1—2 sind in der Zusammenstellung Abb. 39 enthalten. 1 und 2 heißen *Grundpläne*, 1—2 ist ein *abgeleiteter* Plan. Offenbar ist für 1—2 auch die Bedingung Gl. (1) erfüllt.

Versucht man eine weitere Leitung nach dem Index 3 (also mit dem dreifachen Kreuzungsabschnitt wie beim Index 1) zu kreuzen, so kommt man nicht zum Ziele. Es ist dann nämlich z. B. zwischen der Leitung 2 und dieser neuen Leitung ein relativer Kreuzungsplan 1—3 vorhanden, der in Abb. 40 dargestellt ist. Man erkennt sofort, daß hier die mittlere Kopplung nicht gleich Null ist, daß also die Bedingung Gl. (1) nicht erfüllt ist. Es zeigt sich, daß man nur Grundpläne

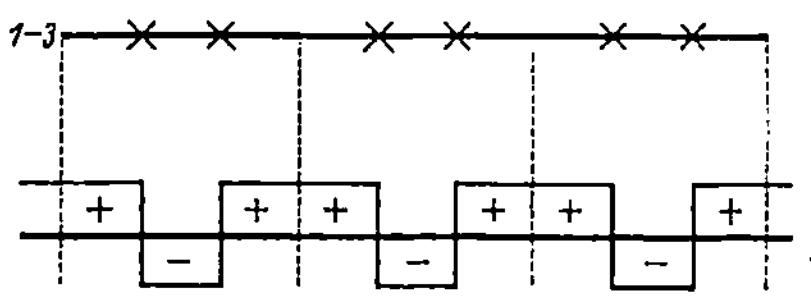

Abb. 40. Kreuzungsplan 1—3 und Kopplungsverlauf.

nehmen darf, die nach Potenzen von 2 gestuft sind, also zu den Plänen 1 und 2 noch 4, 8, 16 usw. Dann sind in jedem höheren Plan alle niedrigeren mit einer *geraden* Anzahl von Kreuzungsabschnitten vorhanden. Abb. 39 zeigt die Zusammenstellung aller Grundpläne und abgeleiteten Pläne bis zum Index 8. Man überzeugt sich leicht, daß der relative Kreuzungsplan zweier beliebiger Pläne hieraus immer die Bedingung Gl. (1) erfüllt.

In Abb. 41 sind nach der Arbeit von Vos und AURELL [*16*] die Kreuzungspläne für 31 Leitungen angegeben.

b) Das Nahnebensprechen bei Kreuzung mit Grundplänen. Zwei Leitungen 1 und 2 seien nach dem relativen Kreuzungsplan 1 gekreuzt. Sie haben dann einen Verlauf des Kopplungsfaktors über die Länge nach Abb. 38. Ein derartiger periodischer Rechteckverlauf läßt sich durch folgende Fourierreihe analytisch darstellen:

$$\varkappa_{12} = \overline{\varkappa_{12}} \frac{4}{\pi} \sum_{m=0}^{\infty} \frac{\sin\left(2m+1\right)\dfrac{\pi x}{s}}{2m+1}. \tag{2}$$

Durch Vergleich mit Gl. (18.2) erhalten wir

$$\varphi_{12,n} = -\frac{\pi}{2}; \quad n = \frac{l}{2s}(2m+1); \quad \varkappa_{12,n} = \overline{\varkappa_{12}} \frac{4}{\pi} \frac{1}{2m+1} = \overline{\varkappa_{12}} \frac{2}{\pi n} \frac{l}{s} \tag{3}$$

und durch Einsetzen in Gl. (18.3):

$$N_{12} = \frac{\gamma l}{2}(1 - e^{-2\gamma l}) \sum_{n=0}^{\infty} \frac{\overline{\varkappa_{12}} \, 2l}{n\pi s\,(\gamma^2 l^2 + n^2 \pi^2)} \, n\pi$$

$$= \frac{\overline{\varkappa_{12}}}{2}(1 - e^{-2\gamma l}) \sum_{m=0}^{\infty} \frac{8\gamma s}{4\gamma^2 s^2 + (2m+1)^2 \pi^2}.$$

III. Anwendung der Theorie auf technische Probleme.

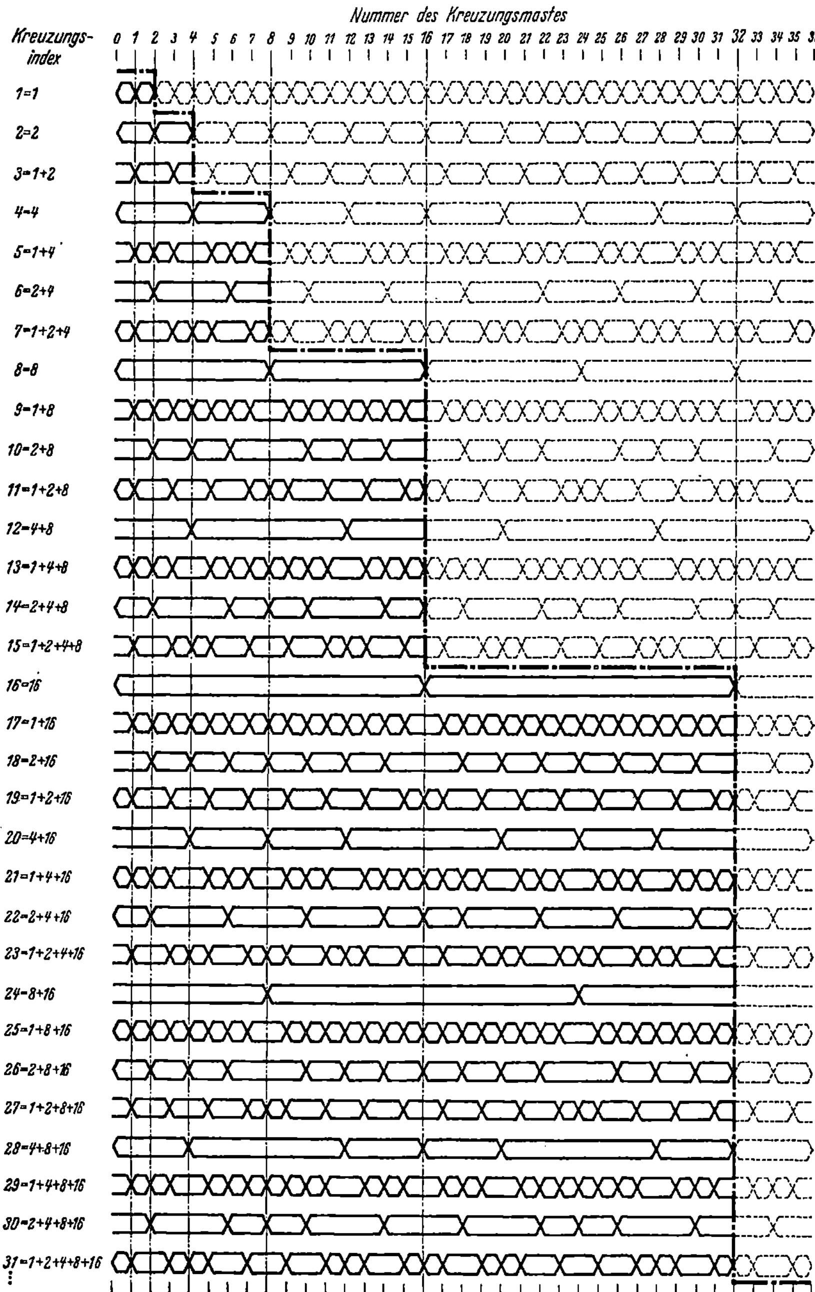

Abb. 41. Kreuzungspläne für 31 Leitungen.

Die Summe stellt die sog. Partialbruchreihe für den hyperbolischen Tangens dar[1], so daß man für das Nahnebensprechen als Endergebnis erhält:

$$N_{12} = \frac{\overline{\varkappa_{12}}}{2}\left(1 - e^{-2\gamma l}\right) th\,\gamma s\,. \tag{4}$$

Durch Vergleich mit Gl. (14.15b) stellen wir fest, daß gegenüber dem Nahnebensprechen der ungekreuzten Leitungen in Gl. (4) nur der zusätzliche Faktor $th\,\gamma s$ vorhanden ist. Man kann leicht zeigen, daß (da γs sehr angenähert rein imaginär ist) dieser Faktor dann kleiner als 1 ist, wenn $s/\lambda < \frac{1}{8}$ ist, d.h. es tritt dann eine Verbesserung des Nahnebensprechens durch die Kreuzungen ein, wenn die Frequenz so niedrig ist, daß der Kreuzungsschritt noch kleiner als die Achtelwellenlänge ist. Auf weitere Einzelheiten und auf die Folgerungen für die Praxis soll jedoch hier nicht eingegangen werden, da das an anderer Stelle [32] geschehen ist.

c) Anschauliche Ableitung des Nahnebensprechens bei Kreuzung mit Grundplänen und mit abgeleiteten Plänen. Man kann das Nahnebensprechen gekreuzter Paralleldrahtleitungen auch nach dem gleichen Verfahren wie bei ungekreuzten Leitungen in § 14 d 2 ableiten, nur integriert man dann nicht über die ganze Länge l, sondern stückweise über die einzelnen Kreuzungsabschnitte. Denn die Größe

$$\overline{\varkappa_{12}} - \frac{\overline{\varkappa_{13}\varkappa_{32}}}{2}$$

ist dem Betrage nach konstant, wechselt aber bei jeder Kreuzung das Vorzeichen[2]. Wenn wir den Integranden $e^{-2\gamma x}dx$ jedesmal weglassen, erhalten wir entsprechend wie in § 14 d 2:

$$N_{12} = \gamma\left(\overline{\varkappa_{12}} - \frac{\overline{\varkappa_{13}\varkappa_{32}}}{2}\right)\left(\int_0^s - \int_s^{2s} + \int_{2s}^{3s} - + \cdots - \int_{(n-1)s}^{ns}\right). \tag{5}$$

Es ist

$$\int_a^b e^{-2\gamma x}dx = \frac{1}{2\gamma}\left(e^{-2\gamma a} - e^{-2\gamma b}\right),$$

also

$$N_{12} = \left(\frac{\overline{\varkappa_{12}}}{2} - \frac{\overline{\varkappa_{13}\varkappa_{32}}}{4}\right)\left(1 - e^{-2\gamma s} - e^{-2\gamma s} + e^{-2\gamma 2s} + e^{-2\gamma 2s}\right.$$

$$\left. - e^{-2\gamma 3s} - + \cdots - e^{-2\gamma(n-1)s} + e^{-2\gamma ns}\right)$$

$$= \left(\frac{\overline{\varkappa_{12}}}{2} - \frac{\overline{\varkappa_{13}\varkappa_{32}}}{4}\right)\left(1 - e^{-2\gamma s}\right)\left[1 - e^{-2\gamma s} + e^{-2\gamma 2s} - + \cdots - e^{-2\gamma(n-1)s}\right].$$

---

[1] Vgl. z. B. K. KNOPP, Theorie und Anwendung der unendlichen Reihen, 3. Aufl., S. 213. Berlin: Springer 1931.

[2] Bei einer Kreuzung in Leitung 1 wechselt $\overline{\varkappa_{12}}$ und $\overline{\varkappa_{13}}$ das Vorzeichen, während $\varkappa_{32}$ sein Vorzeichen behält.

Die eckige Klammer ist eine geometrische Reihe mit dem Quotienten $-e^{-2\gamma s}$. Ihre Summierung ergibt mit $ns = l$:

$$[\ldots] = \frac{1 - e^{-\gamma l}}{1 + e^{-2\gamma s}}.$$

Mit Einführung der hyperbolischen Tangens

$$th\,\gamma s \equiv \frac{1 - e^{-2\gamma s}}{1 + e^{-2\gamma s}} \tag{6}$$

erhält man demnach das Endergebnis:

$$N_{12} = \left(\frac{\overline{\varkappa_{12}}}{2} - \frac{\overline{\varkappa_{13}\varkappa_{32}}}{4} \right) (1 - e^{-2\gamma l})\, th\,\gamma s\,. \tag{7}$$

Das unmittelbare Nahnebensprechen ($\varkappa_{13}\varkappa_{32} = 0$) stimmt also mit Gl. (4) überein.

Es ist nun noch das Nahnebensprechen bei *abgeleiteten Kreuzungsplänen* zu behandeln, bei denen im einfachsten Fall der Leitung ein weiterer Kreuzungsplan mit einem längeren Kreuzungsschritt s^* überlagert ist in der Weise, daß beim Zusammentreffen von zwei Kreuzungen auf einer Leitung diese ungekreuzt bleibt. Unter der Voraussetzung, daß s^* eine gerade Anzahl Abschnitte s enthält, und daß auch die Anzahl n^* der Abschnitte s^* gerade ist, kann man unter Benutzung von Gl. (7) statt Gl. (5) schreiben:

$$N_{12} = \gamma \left(\frac{\overline{\varkappa_{12}}}{2} - \frac{\overline{\varkappa_{13}\varkappa_{32}}}{4} \right) (1 - e^{-2\gamma s^*})\, th\,\gamma s \left(\int_0^{s^*} - \int_{s^*}^{2s^*} + \int_{2s^*}^{3s^*} - \cdots - \int_{(n^*-1)s^*}^{n^*s^*} \right). \tag{5a}$$

Die Rechnung entspricht also genau der obigen und das Ergebnis ist daher, daß zu Gl. (7) ein weiterer Faktor $th\,\gamma s^*$ hinzutritt.

Hat also der relative Kreuzungsplan zweier Leitungen den Index $a - b - c \ldots$, wobei $a, b, c, \ldots$ Potenzen von 2 sind, so ist das Nahnebensprechen gegeben durch:

$$N_{12} = \left(\frac{\overline{\varkappa_{12}}}{2} - \frac{\overline{\varkappa_{13}\varkappa_{32}}}{4} \right) (1 - e^{-2\gamma l})\, th\,a\gamma s\; thb\gamma s\; thc\gamma s \ldots \tag{7a}$$

d) Das Fernnebensprechen gekreuzter Leitungen bei beidseitig offener dritter Leitung. Die störende Leitung 1 und die gestörte Leitung 2 seien beide nach irgendeinem regelmäßigen Kreuzungsplan aus Abb. 39 oder Abb. 41 gekreuzt. Die dritte Leitung 3, die wir als beidseitig offen annehmen wollen, ist in den praktisch bedeutungsvollen Fällen in der Regel ungekreuzt; sollte sie doch gekreuzt sein, dann überlagern wir ihren Kreuzungsplan allen drei Leitungen und erreichen dadurch, daß sie jetzt ungekreuzt wird. Wir können uns also auf den Fall beschränken, daß nur die Leitungen 1 und 2 gekreuzt sind.

Ausschlaggebend für das Verhalten des Fernnebensprechens von zwei derartigen Leitungen ist, wie wir sehen werden, ob ihre Kreuzungspläne in ihren höchsten Kreuzungsindexen verschieden oder gleich sind. (Beispiel für verschiedene höchste Kreuzungsindexe: 1–2–4 und 1–2–8; für gleiche höchste Kreuzungsindexe: 1–4 und 2–4.)

1. Höchste Kreuzungsindexe verschieden. Wir betrachten drei Leitungen nach Abb. 42 a, wobei die Leitung 3 ungekreuzt und an beiden Enden

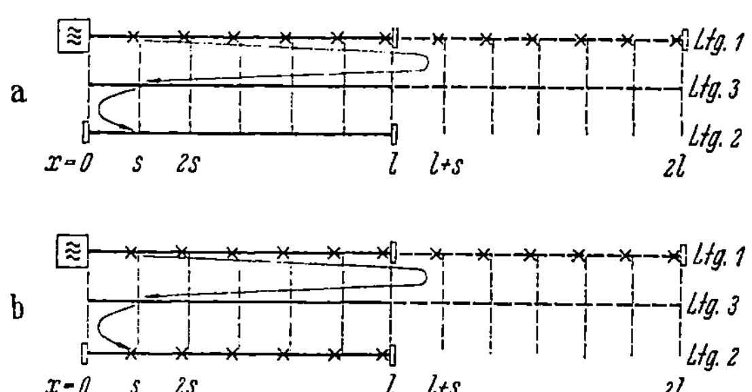

Abb. 42. Fernnebensprechen zweier gekreuzter Leitungen.
a Höchste Kreuzungsindexe verschieden. b Höchste Kreuzungsindexe gleich.

offen sein soll. Die gesamte Leitungslänge l sei in eine *gerade* Anzahl Teilstücke der Länge s geteilt. s sei die Periode der Kopplungsverteilungen auf beiden Leitungen, so daß

$$\varkappa_{13}(x + ps) = \varkappa_{13}(x) \quad \text{und} \quad \varkappa_{32}(x + ps) = \varkappa_{32}(x) \tag{8}$$

mit $p = 1, 2, 3, \ldots 2n$ ist. Außerdem soll die störende Leitung 1, wie in Abb. 42 a angedeutet, im Abstand s gekreuzt sein. Nehmen wir im besonderen an, daß auf jeder der beiden Leitungen die Kopplungsverteilung *innerhalb* des Abschnittes s durch irgendeinen regelmäßigen Kreuzungsplan[1] hervorgerufen ist, so hat also die Leitung 1 in diesem Fall den höchsten Kreuzungsindex, nämlich den, der den Kreuzungen im Abstand s entspricht. Das Fernnebensprechen einer solchen Anordnung berechnet sich nach Gl. (16.12):

$$\left.\begin{array}{l} F_{12} = -\dfrac{\gamma}{2} \displaystyle\int_0^l \varkappa_{13}\varkappa_{32}\, dx \\[2ex] \quad + \dfrac{\gamma^2}{1 - e^{-2\gamma l}} \displaystyle\int_{x=0}^l \left\{ \int_{\xi=x}^{l+x} \varkappa_{13}(\xi)\, e^{-2\gamma\xi}\, d\xi \right\} \varkappa_{32}(x)\, e^{+2\gamma x}\, dx. \end{array}\right\} \tag{9}$$

Man erkennt sofort, daß das erste Integral bereits in jedem Teilstück s (und somit auch über die ganze Länge l) verschwindet, wenn man die einzelnen Teilstücke nach einem regelmäßigen Kreuzungsplan gekreuzt hat.

---

[1] Diese Kreuzungen sind in Abb. 42 a nicht eingezeichnet.

Für das Doppelintegral kann man schreiben (mit $2ns = l$):

$$\int\limits_{x=0}^{l}\int\limits_{\xi=x}^{l+x} = \int\limits_{x=0}^{s}\int\limits_{\xi=x}^{l+x} + \int\limits_{x=s}^{2s}\int\limits_{\xi=x}^{l+x} + \cdots + \int\limits_{x=(2n-1)s}^{2ns}\int\limits_{\xi=x}^{l+x} \tag{10}$$

In das zweite dieser Teilintegrale setzen wir $x = x' + s$ und $\xi = \xi' + s$, so daß die Grenzen $x' = 0 \ldots s$ und $\xi' = x' \ldots l + x'$ werden. Man erhält damit:

$$\int\limits_{x=s}^{2s}\int\limits_{\xi=x}^{l+x} = \int\limits_{x'=0}^{s}\left\{\int\limits_{\xi'=x'}^{l+x'} \varkappa_{13}(\xi' + s)\,e^{-2\gamma(\xi'+s)}\,d\xi'\right\}\varkappa_{32}(x' + s)\,e^{+2\gamma(x'+s)}\,dx'.$$

Wegen der Periodizität der Kopplungsfaktoren nach Gl. (8) und weil sich die beiden konstanten Faktoren $e^{-2\gamma s}$ und $e^{+2\gamma s}$ gegenseitig aufheben, hat also dieses zweite Teilintegral genau den gleichen Wert wie das erste. Das gleiche gilt von allen übrigen Teilintegralen in Gl. (10). Da außerdem aber die Leitung 1 im Abstand s gekreuzt sein sollte, wechseln die Vorzeichen der Teilintegrale ab und ihre Gesamtsumme ist Null, weil ihre Anzahl gerade ist. Somit ist

$$F_{12} = 0. \tag{11}$$

Wir erhalten damit ein Ergebnis, das von größter Bedeutung für die Praxis der Trägerfrequenz-Freileitungen ist:

Sind die höchsten Kreuzungsindexe auf den Leitungen 1 und 2 verschieden, während Leitung 3 ungekreuzt und an beiden Enden offen ist, so tritt überhaupt kein Fernnebensprechen auf.

Der Fall der mit dem Wellenwiderstand abgeschlossenen dritten Leitung läßt sich mit Hilfe der in § 16 behandelten Zusatzgeneratoren leicht auf den Fall der offenen dritten Leitung zurückführen, denn der Unterschied der beiden Fernnebensprechspannungen ist durch Gl. (16.5b) gegeben. Es gilt daher wegen Gl. (11) für abgeschlossene dritte Leitungen:

$$F_{12(z)} = -\frac{\gamma^2}{1 - e^{-2\gamma l}}\int\limits_{0}^{l}\varkappa_{13}(x)\,e^{-2\gamma x}\,dx \cdot \int\limits_{0}^{l}\varkappa_{32}(x)\,e^{-2\gamma(l-x)}\,dx. \tag{12}$$

Man erhält also nach Gl. (15.13) das Produkt von zwei Nahnebensprechspannungen, die sich nach Gl. (7a) für einen Kreuzungsplan $a_1 - b_1 - c_1 \ldots$ der Leitung 1 und $a_2 - b_2 - c_2 \ldots$ der Leitung 2 folgendermaßen schreiben lassen:

$$\left.\begin{aligned}\gamma\int\limits_{0}^{l}\varkappa_{13}(x)\,e^{-2\gamma x}\,dx &= \frac{\overline{\varkappa_{13}}}{2}(1 - e^{-2\gamma l})\,th\,a_1\gamma s \cdot th\,b_1\gamma s \cdot th\,c_1\gamma s \ldots \\[2mm] &= \frac{\overline{\varkappa_{13}}}{2}(1 - e^{-2\gamma l})\,T_1\end{aligned}\right\} \tag{13a}$$

$$\left.\begin{aligned}\gamma\int\limits_{0}^{l}\varkappa_{32}(x)\,e^{+2\gamma x}\,dx &= \frac{\overline{\varkappa_{32}}}{2}(1 - e^{+2\gamma l})\,th(-a_2\gamma s)\cdot th(-b_2\gamma s)\cdot th(-c_2\gamma s)\ldots \\[2mm] &= \frac{\overline{\varkappa_{32}}}{2}(1 - e^{+2\gamma l})\,T_2\end{aligned}\right\} \tag{13b}$$

wobei die Produkte der hyperbolischen Tangens zur Abkürzung mit T_1 bzw. T_2 bezeichnet wurden.

Als Endergebnis erhält man also für den Fall der abgeschlossenen dritten Leitung:

$$F_{12(z)} = \frac{\overline{\varkappa_{13}}\,\overline{\varkappa_{32}}}{4}\,(1 - e^{-2\gamma l})\,T_1 T_2.\tag{14}$$

2. Höchste Kreuzungsindexe gleich, zweithöchste Kreuzungsindexe verschieden. Den Fall der *gleichen* höchsten Kreuzungsindexe erhält man aus Abb.42a, wenn man auch noch die Leitung 2 im Abstand s kreuzt. Die Kreuzungen sollen dabei wie bei der Leitung 1 am *Ende* des Abschnitts liegen (Abb.42b).

Wie bisher verschwindet das erste Integral in Gl.(9) und das Doppelintegral läßt sich ebenfalls nach Gl.(10) in $2n$ Teilintegrale zerlegen, die sämtlich den gleichen Wert haben. Der Unterschied gegenüber früher besteht jedoch darin, daß jetzt wegen der zusätzlichen Kreuzungen der Leitung 2 im Abstande s alle Teilintegrale auch das gleiche Vorzeichen haben. Das gesamte Doppelintegral ist also $2n = s/l$-mal so groß wie jedes Teilintegral:

$$F_{12} = \frac{l}{s}\,\frac{\gamma^2}{1 - e^{-2\gamma l}}\int\limits_{x=0}^{s}\left\{\int\limits_{\xi=x}^{l+x}\varkappa_{13}(\xi)\,e^{-2\gamma\xi}\,d\xi\right\}\varkappa_{32}(x)\,e^{+2\gamma x}\,dx.\tag{15}$$

Das innere Integral läßt sich folgendermaßen zerlegen:

$$\int\limits_{\xi=x}^{l+x} = \int\limits_{\xi=x}^{s} + \int\limits_{\xi=s}^{l+s} + \int\limits_{\xi=l+s}^{l+x}\tag{16}$$

und es ist

$$\int\limits_{\xi=l+s}^{l+x} = -\,e^{-2\gamma l}\int\limits_{\xi=x}^{s},$$

so daß

$$F_{12} = \frac{l}{s}\left[\gamma^2\int\limits_{x=0}^{s}\int\limits_{\xi=x}^{s}\right.$$
$$\left.+ \frac{1}{1 - e^{-2\gamma l}}\,\gamma\int\limits_{\xi=s}^{l+s}\varkappa_{13}(\xi)\,e^{-2\gamma\xi}\,d\xi\cdot\gamma\int\limits_{x=0}^{s}\varkappa_{32}(x)\,e^{+2\gamma x}\,dx\right]\right\}\tag{17}$$

wird.

Darin stellt das erste Doppelintegral nach Gl.(15.15) das Fernnebensprechen zweier Leitungen der Länge s dar, deren dritte Leitung mit dem Wellenwiderstand abgeschlossen ist[1]. Für gekreuzte Leitungen haben wir diesen Fall in Gl.(14) berechnet, sofern die höchsten Kreuzungsindexe verschieden sind. Jetzt bezieht sich die Gleichung aber nur auf die Kreuzungspläne des Abschnitts s, zu denen noch die beiden gleichen Kreuzungsindexe mit dem Kreuzungsschritt s hinzukommen, d.h. also, bei

---

[1] Das erste Glied von Gl.(15.15) verschwindet in diesem Fall.

7 Klein, Nebensprechen.

Anwendung der Gl.(14) gilt unsere Rechnung für verschiedene *zweit-höchste* Kreuzungsindexe und gleiche höchste Kreuzungsindexe[1].

Das zweite Doppelintegral in Gl.(17) hat sich wegen der konstanten Grenzen als Produkt zweier Integrale schreiben lassen, die nach Gl. (15.13) zwei Nahnebensprechspannungen darstellen. Wir können daher statt Gl.(17) schreiben:

$$F_{12} = \frac{l}{s} \left[\frac{\overline{\varkappa_{13}\varkappa_{32}}}{4} (1 - e^{-2\gamma s}) T_1 T_2 \right.$$

$$\left. + \frac{1}{1 - e^{-2\gamma l}} e^{-2\gamma s} \frac{\overline{\varkappa_{13}}}{2} (1 - e^{-2\gamma l}) T_1 th \gamma s \cdot \frac{\overline{\varkappa_{32}}}{2} (e^{+2\gamma s} - 1) T_2 \right]$$

$$= \frac{l}{s} \frac{\overline{\varkappa_{13}\varkappa_{32}}}{4} T_1 T_2 (1 - e^{-2\gamma s}) (1 + th \gamma s)$$

und erhalten als Endlösung:

$$F_{12} = \frac{l}{2s} \overline{\varkappa_{13}}\overline{\varkappa_{32}} T_1 T_2 th \gamma s . \tag{18}$$

Dabei sind T_1 und T_2 durch Gl.(13a) und Gl.(13b) gegeben; es sind nämlich die Tangensprodukte der Kreuzungsindexe ohne den höchsten Index, der dem Abschnitt s entspricht.

Wichtig ist an dieser Gl.(18) die Proportionalität mit der Leitungslänge l. Sie hat zur Folge, daß in den meisten praktischen Fällen das Fernnebensprechen so groß wird, daß es die zulässigen Höchstwerte bei weitem überschreitet. Eine Abhilfe ist durch die bereits auf den Seiten 9 und 88 erwähnte RINCKsche Zusatzkreuzung möglich, durch die der Fall der *verschiedenen* höchsten Kreuzungsindexe hergestellt wird.

e) Meßergebnisse an einer Vierfachträgerfrequenzlinie. Um die zahlenmäßige Anwendung dieser Gleichungen zu zeigen, berechnen wir das Fernnebensprechen für eine im Jahre 1943 für Meßzwecke gebaute Vierfachträgerfrequenzlinie [*33*] von etwa 20 km Länge mit dem Mastbild nach

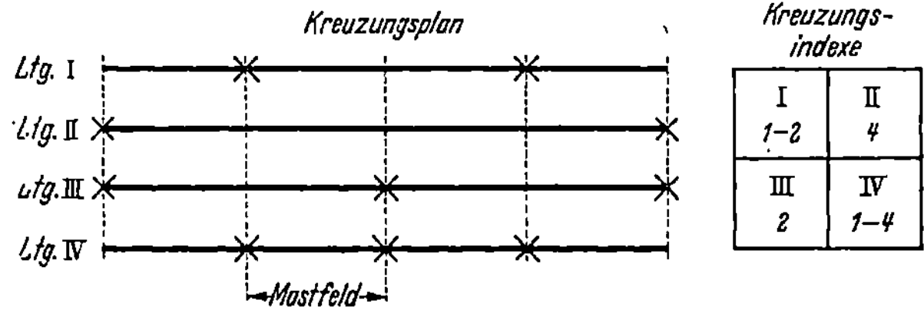

Abb.43. Kreuzungspläne der Vierfachträgerfrequenzlinie Abb.13.

Abb.13 (Seite 33) und den Kreuzungsplänen der vier Leitungen nach Abb.43. Für diese Linie wollen wir die Ergebnisse der Rechnung mit den Meßergebnissen vergleichen.

---

[1] Der Fall, daß auch z.B. die zweithöchsten Kreuzungsindexe gleich sind, läßt sich leicht nach dem gleichen Verfahren behandeln.

Wir wollen die acht Drähte $a, b, \ldots h$ dieser Linie, wie schon im § 9a festgelegt, zu folgenden acht Leitungen zusammenfassen: Die vier Stämme $I = ab$, $II = cd$, $III = ef$, $IV = gh$, die beiden Vierer $V_1 = ab/ef$ und $V_2 = cd/gh$, den Achter $abef/cdgh$ und das unsymmetrische System $abcdefg/0$. Wir betrachten das Fernnebensprechen zwischen den untereinanderliegenden Stämmen I und III sowie II und IV; bei diesen beiden Kombinationen sind die höchsten Kreuzungsindexe gleich, die zweithöchsten aber verschieden, so daß Gl. (18) gilt[1].

Wir erhalten daher ($w = $ Mastabstand):

$$F_{I\,III} = \frac{l}{4w}\,\overline{\varkappa}_{I\,3}\,\overline{\varkappa}_{3\,III}\,th\,\gamma\,w\,th\,\gamma\,2w\,, \qquad (19\,a)$$

$$F_{II\,IV} = \frac{l}{8w}\,\overline{\varkappa}_{II\,3}\,\overline{\varkappa}_{3\,IV}\,th\,\gamma\,w\,th\,\gamma\,4w\,. \qquad (19\,b)$$

Dabei sind für das Fernnebensprechen I/III als dritte Leitungen 3 wirksam: die beiden Nachbarstämme II und IV, die beiden Vierer V_1 und V_2, der Achter A und das unsymmetrische System U, für II/IV entsprechend I, III, V_1, V_2 und U. Wir wollen hier das Ergebnis der Zahlenrechnung vorwegnehmen, daß bei unserer Anordnung die Anteile, die über die beiden Nachbarleitungen als dritte Leitungen zustande kommen, gegenüber den anderen zu vernachlässigen sind. Aus Symmetriegründen[2] ist außerdem $\overline{\varkappa}_{I\,V_1} = \overline{\varkappa}_{V_1\,II} = 0$ und $\overline{\varkappa}_{II\,V_2} = \overline{\varkappa}_{V_2\,IV} = 0$, so daß man erhält:

$$\overline{\varkappa}_{I\,3}\,\overline{\varkappa}_{3\,III} = \overline{\varkappa}_{I\,V_2}\overline{\varkappa}_{V_2\,III} + \overline{\varkappa}_{I\,A}\overline{\varkappa}_{A\,III} + \varkappa_{I\,U}\overline{\varkappa}_{U\,III}\,, \qquad (20\,a)$$

$$\overline{\varkappa}_{II\,3}\,\overline{\varkappa}_{3\,IV} = \overline{\varkappa}_{II\,V_1}\overline{\varkappa}_{V_1\,IV} + \overline{\varkappa}_{II\,A}\overline{\varkappa}_{A\,IV} + \varkappa_{II\,U}\overline{\varkappa}_{U\,IV}\,. \qquad (20\,b)$$

Wir errechnen diese einzelnen Summanden aus der Matrix S. 32, z. B.

$$\overline{\varkappa}_{I\,V_2}\overline{\varkappa}_{V_2\,III} \equiv \frac{K_{I\,V_2}\,K_{V_2\,III}}{\sqrt{K_I\,K_{III}}\,K_{V_2}} = -\,\frac{50\cdot 10^{-3}\cdot 50\cdot 10^{-3}}{4{,}25\cdot 3{,}438} = -\,171\cdot 10^{-6}$$

und entsprechend

$$\overline{\varkappa}_{I\,A}\overline{\varkappa}_{A\,III} = +\,676\cdot 10^{-6}; \qquad \overline{\varkappa}_{I\,U}\overline{\varkappa}_{U\,III} = 224\cdot 10^{-6};$$

$$\overline{\varkappa}_{II\,V_1}\overline{\varkappa}_{V_1\,IV} = -\,171\cdot 10^{-6}; \qquad \overline{\varkappa}_{II\,A}\overline{\varkappa}_{A\,IV} = 676\cdot 10^{-6};$$

$$\overline{\varkappa}_{II\,U}\overline{\varkappa}_{U\,IV} = -\,224\cdot 10^{-6}\,.$$

---

[1] Bei den übrigen Kombinationen I/II, I/IV, II/III und III/IV sind die höchsten Kreuzungsindexe verschieden, so daß nach Gl. (11) das Fernnebensprechen vollständig verschwindet. Das dennoch in der Praxis beobachtete Fernnebensprechen dieser Kombinationen beruht auf der mehr oder minder großen Abweichung von der exakt gebauten Linie (sog. unsystematisches Nebensprechen, vgl. Seite 100).

[2] Die Schleifenebene des Vierers V_1 (bzw. V_2) liegt in unserem Fall in der Symmetrieebene der beiden Stämme I und III (bzw. II und IV), es tritt also keine Beeinflussung des Vierers durch die Stämme auf. Man erhält dieses Ergebnis natürlich auch formal aus den Gleichungen für die Gegeninduktivität (vgl. auch die Zusammenstellung der Zahlenwerte Seite 32).

Wir setzen diese Zahlenwerte in Gl. (20) ein und erhalten dann aus Gl. (19) (Mastabstand $w = 40$ m, Anzahl der Mastfelder $l/w = 512$) die beiden ausgezogenen Kurven der Abb. 44, die den Betrag des Fernnebensprechens über der Frequenz angeben. Die kleinen Kreise der Abbildung sind die Meßpunkte, die an der Versuchslinie durch Vergleich der beiden Spannungen am Ende der störenden und der gestörten Leitung mit Hilfe einer Eichleitung erhalten wurden. Man erkennt die ausgezeichnete Übereinstimmung der Meßpunkte mit den rechnerischen Kurven. Hinsichtlich der Bedeutung dieses Ergebnisses und der praktischen Folgerungen sowie des Einflusses der unvollkommenen Erdleitfähigkeit gelten die gleichen Bemerkungen, die auf Seite 88 bei der Doppeldrehkreuzlinie gemacht wurden.

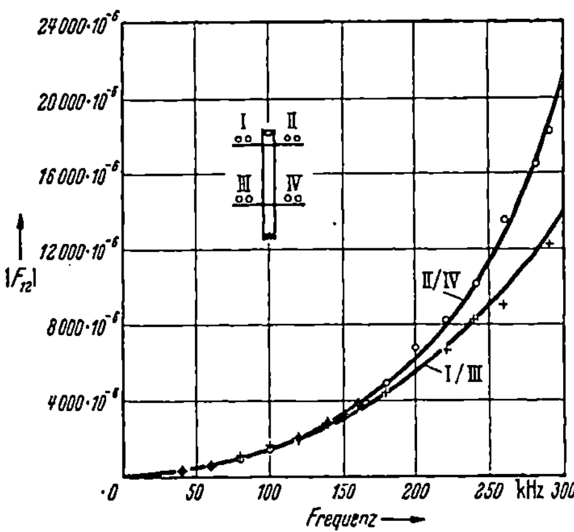

Abb. 44. Meß- und Rechnungsergebnisse an einer Vierfachträgerfrequenzlinie von 20 km Länge.

§ 22. Bestimmung des Kopplungsverlaufs durch Messung des Nebensprechens bei Resonanzfrequenzen.

a) Systematisches und unsystematisches Nebensprechen. Nach den allgemeinen Gleichungen läßt sich das Nah- und das Fernnebensprechen berechnen, wenn man den Kopplungsverlauf über die Länge kennt, und dieser wiederum ist durch die Lage der einzelnen Drähte in jeder Querschnittsebene bestimmt. Eine grundsätzliche Schwierigkeit besteht aber darin, daß die Drahtlage nur in ihrem Sollverlauf bekannt ist, wie er bei ideal genau gebauten Leitungen vorhanden wäre, daß dagegen die tatsächliche Drahtlage infolge der unvermeidlichen Bauungenauigkeiten in jedem Querschnitt mehr oder weniger hiervon abweicht. Es besteht also außer dem systematischen Nebensprechen, das der Sollage der Drähte entspricht, noch ein unsystematischer Anteil, der von diesen Bauungenauigkeiten herrührt. Bei den Freileitungen handelt es sich dabei vor allem um die Durchhangsunterschiede der einzelnen Drähte, weniger um ungleiche Mastabstände, abweichende Isolatorenkapazitäten usw.; bei verseilten Kabeln sind es außer ungenauen Schlaglängen ebenfalls die ungewollten Verlagerungen der Drähte, eine Erscheinung, die hier durch die lockere Isolierung stark begünstigt wird. Wegen des außerordentlich engen Aufbaus eines Kabels ergeben außerdem schon verhältnismäßig geringe

Drahtverlagerungen ein erhebliches zusätzliches Nebensprechen, so daß man hier in jedem Fall den unsystematischen Anteil berücksichtigen muß, während man sich bei Freileitungen in vielen Fällen auf das systematische Nebensprechen beschränken kann[1].

Eine weitere, allerdings grobe Abweichung des tatsächlichen Kopplungsverlaufes vom Sollverlauf entsteht dadurch, daß insbesondere bei Freileitungen auch grobe Baufehler (z. B. Kreuzungsfehler) auftreten können; vor allem bei Doppeldrehkreuzlinien (§ 21) kommen, bedingt durch das Bauverfahren, leicht solche Fehler vor. Natürlich müssen sie vor Inbetriebnahme der Linie festgestellt und beseitigt werden [28].

b) Die Tauscheffekte. Eine geeignete Anwendung der allgemeinen Gleichungen für das Nah- und Fernnebensprechen gibt die Möglichkeit, durch Messung des Nebensprechens bei verschiedenen Frequenzen den tatsächlichen Kopplungsverlauf mehr oder weniger genau zu bestimmen. Dabei macht man sich zweckmäßig die Tatsache zunutze, daß sich zum Teil unterschiedliche Meßwerte des Nebensprechens ergeben, wenn man bei der gleichen Frequenz den Sender nacheinander an die vier Enden der betrachteten beiden Leitungen legt. Es handelt sich dabei um den praktisch sehr bedeutsamen Tauscheffekt, auf dessen Entstehung infolge Leitungstausches beim Fernnebensprechen bereits in § 18 hingewiesen wurde.

Wir wollen hier die Entstehungsmöglichkeiten von Tauscheffekten an Hand der Abb. 45

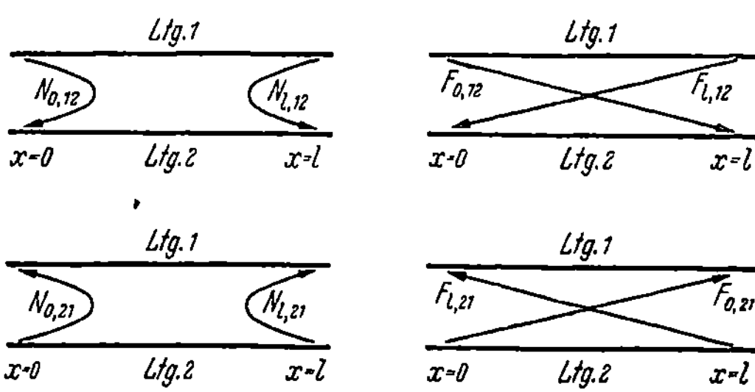

Abb. 45. Bezeichnungen des Nah- und Fernnebensprechens beim Leitungs- und Endentausch.

betrachten. Dabei soll wie bisher das Nahnebensprechen mit N und das Fernnebensprechen mit F abgekürzt werden. Ein Vertauschen von Sender und Empfänger ergibt keine Änderung in den Meßwerten, weil es sich bei den Leitungen um symmetrische Vierpole handelt. Man liest daher aus der Abb. 45 ab:

$$N_{0,12} = N_{0,21}; \quad N_{l,12} = N_{l,21}; \quad F_{0,12} = F_{l,21}; \quad F_{l,12} = F_{0,21}. \quad (1)$$

Wir wollen ein Umsetzen des Senders und Empfängers je an das andere Ende der Leitungen als *Endentausch* bezeichnen, dagegen ein Umsetzen am gleichen Ende von einer Leitung auf die andere als *Leitungstausch*. Die Gl. (1) besagen also, daß beim Nahnebensprechen nur ein

---

[1] Die Rechnungen des § 20 und § 21, die nur das systematische Nebensprechen behandeln, sind für die meisten praktischen Fälle ausreichend.

Endentausch, aber nicht ein Leitungstausch möglicherweise einen
Tauscheffekt bringt, während er beim Fernnebensprechen sowohl beim
Endentausch wie beim Leitungstausch eintreten kann. Der Einfachheit
halber behandelt man also hinsichtlich des Tauscheffektes nur den
Endentausch und bemerkt dazu, daß man beim Fernnebensprechen den
Endentausch bei der Messung auch durch den Leitungstausch ersetzen
kann, beim Nahnebensprechen jedoch nicht.

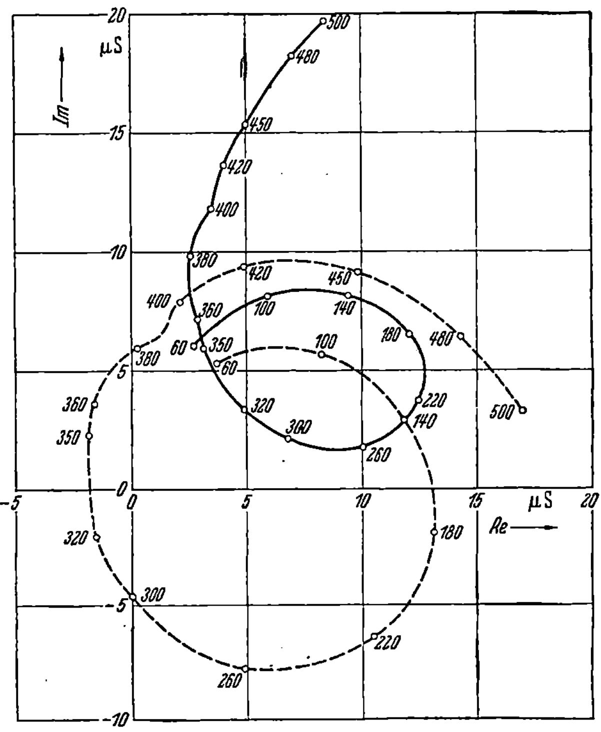

Abb. 46. Nahnebensprechmessungen an einem 24paarigen Trägerfrequenzkabel,
Vierer 12, Kabellänge 304,5 m (Skala auf den Ortskurven in kHz).

Wir beschränken uns weiterhin auf den Fall, daß die Wellengeschwindigkeiten in allen Leitungen gleich sind. Es ist nun zu überlegen, wie sich
die Gl. (18.3) und (18.5) beim Endentausch ändern. Dazu hat man in den
Gleichungen für den Kopplungsverlauf (18.2), (18.4a) und (18.4b)

$$\varkappa_{ik}(x) = \sum_{n=0}^{\infty} \varkappa_{ik,n} \cos\left(n\,\frac{2\,\pi\,x}{l} + \varphi_{ik,n}\right) \tag{2}$$

$$i, k = 1, 2, 3; \quad i \neq k$$

eine andere Längskoordinate $x' = l - x$ einzuführen, also $x = l - x'$ zu
setzen:

$$\begin{aligned}
\varkappa_{ik}(x') &= \sum_{n=0}^{\infty}{}' \varkappa_{ik,n} \cos\left(n\,2\pi - n\,\frac{2\pi x'}{l} + \varphi_{ik,n}\right) \\
&= \sum_{n=0}^{\infty}{}' \varkappa_{ik,n} \cos\left(n\,\frac{2\pi x'}{l} - \varphi_{ik,n}\right).
\end{aligned} \qquad (2\,\text{a})$$

Der Endentausch, also die Änderung der Übertragungsrichtung, kann daher in den Gl. (18.3) und (18.5) einfach dadurch berücksichtigt werden, daß man bei sämtlichen Phasenwinkeln $\varphi_{ik,n}$ das Vorzeichen ändert.

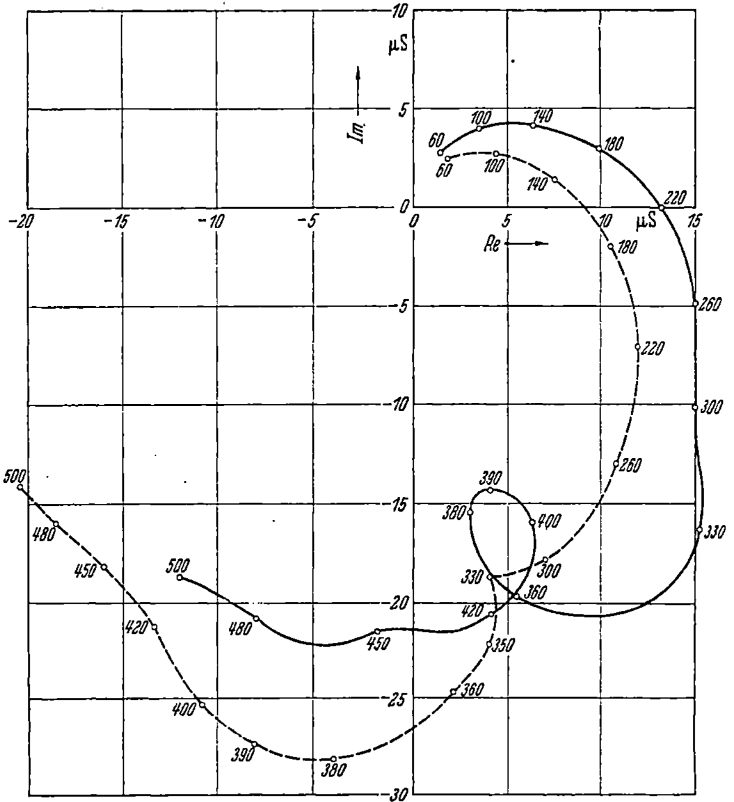

Abb. 47. Nahnebensprechmessungen an einem 24paarigen Trägerfrequenzkabel, Vierer 7, Kabellänge 304,5 m (Skala auf den Ortskurven in kHz).

Einige Meßergebnisse des Tauscheffektes an den Stammleitungen eines 24paarigen Sternviererkabels zeigt für das Nahnebensprechen Abb. 46 und Abb. 47, für das Fernnebensprechen Abb. 48 und Abb. 49 auf Seite 107 und 108. In Abb. 46 und 47 sind die Werte $\frac{8}{Z}N_{0,12}$ (ausgezogene Kurve) und $\frac{8}{Z}N_{l,12}$ (gestrichelte Kurve) eingetragen. Der Faktor $8/Z$ wurde, wie auch in den Abb. 48 und 49, hinzugefügt, weil in dieser Form die Werte am Meßgerät abgelesen wurden und so eine Umrechnung der einzelnen Meßpunkte wegfällt.

c) Das Nahnebensprechen bei den Resonanzfrequenzen. Es gibt eine grundsätzliche Möglichkeit, den Kopplungsverlauf meßtechnisch zu ermitteln, dadurch, daß man bei einer Anzahl Frequenzen z.B. die Nahnebensprechwerte nach Betrag und Phase mißt, dann für jede dieser Frequenzen die Zahlenwerte in Gl. (18.3) einsetzt und daraus die entsprechende Zahl von Fourierkoeffizienten $\varkappa_{12,n}$ und $\varphi_{12,n}$ berechnet. Je größer die Zahl der Meßfrequenzen ist, um so größer ist die Zahl der ermittelten Fourierkoeffizienten, um so genauer kann man also den tatsächlichen Kopplungsverlauf erhalten. Andererseits wächst damit auch der Rechenaufwand ganz außerordentlich, es sei denn, daß man ganz bestimmte Meßfrequenzen verwendet.

Solche Meßfrequenzen sind die sog. Resonanzfrequenzen der Leitung, d.h. die Frequenzen, bei denen die Leitungslänge l gleich einem ganzen Vielfachen m der halben Wellenlänge λ ist:

$$l = m\lambda/2. \qquad m = 1, 2, \ldots \tag{3}$$

Für diese Frequenzen ist die Fortpflanzungskonstante

$$\gamma l = \alpha l + j\frac{2\pi}{\lambda}l = \alpha l + jm\pi. \tag{4}$$

Dabei ist der Realteil αl gegenüber dem Imaginärteil $jm\pi$ zu vernachlässigen, es sei denn, daß γl im Exponenten steht.
Weiter ist

$$\gamma^2 l^2 = \alpha^2 l^2 - m^2\pi^2 + j\,2\,\alpha\,l\,m\,\pi \tag{4a}$$

sowie

$$e^{-2\gamma l} = e^{-2\alpha l}\,e^{-j2m\pi} = e^{-2\alpha l}. \tag{4b}$$

Wir setzen diese Werte in Gl. (18.3) ein. Dabei erhält man für die Nenner:

$$\gamma^2 l^2 + n^2\pi^2 = \alpha^2 l^2 - m^2\pi^2 + n^2\pi^2 + j\,2\,\alpha\,l\,m\,\pi.$$

Für $m = n$ wird dieser Wert gleich $\alpha^2 l^2 + j\,2\,\alpha\,l\,m\,\pi$, und da $\alpha^2 l^2$ hier zu vernachlässigen ist, gleich $j\,2\,\alpha\,l\,m\,\pi$, also rein imaginär; für $m \neq n$ kann man andererseits den Imaginärteil und das Glied $\alpha^2 l^2$ vernachlässigen.

Beim Einsetzen von Gl. (4) bis Gl. (4b) unter Berücksichtigung der Vernachlässigungen schreiben wir zweckmäßigerweise das Glied für $n = m$ der unendlichen Summe besonders:

$$N_{0,12}(m) = \frac{jm\pi}{2}(1 - e^{-2\alpha l})\left\{ \frac{\varkappa_{12,m}}{j\,2\,\alpha\,l\,m\,\pi}(jm\pi\cos\varphi_{12,m} - m\pi\sin\varphi_{12,m}) \right.$$
$$\left. + \sum_{n=0}^{\infty}{}_{n\neq m} \frac{\varkappa_{12,n}}{-m^2\pi^2 + n^2\pi^2}(jm\pi\cos\varphi_{12,n} - n\pi\sin\varphi_{12,n})\right\}. \tag{5}$$

Wenn wir daraus $N_{l,12}$, den Wert des Nahnebensprechens bei Endentausch bilden wollen, haben wir nur bei φ_{12} das Vorzeichen zu ändern. Bilden wir weiter den konjugiert komplexen Wert $N_{l,12}^*$ durch Vertauschen von j mit $(-j)$, so bekommt das Glied mit der unendlichen Summe wieder den gleichen Wert wie bei $N_{0,12}$, fällt also bei der Differenzbildung heraus:

$$N_{0,12}(m) - N_{l,12}^*(m) = \frac{j\,m\,\pi}{2\,\alpha\,l}\,(1 - e^{-2\,\alpha\,l})\,\varkappa_{12,m}\,e^{j\varphi_{12,m}} \tag{6}$$

und man erhält die m-ten Fourierkoeffizienten aus den Messungen des Nahnebensprechens bei der m-ten Resonanzfrequenz nach folgender Gleichung:

$$\varkappa_{12,m}\,e^{j\varphi_{12,m}} = -\frac{j\,2\,\alpha\,l}{1 - e^{-2\,\alpha\,l}}\,\frac{1}{m\,\pi}\,[N_{0,12}(m) - N_{l,12}^*(m)]. \tag{7}$$

d) Das Fernnebensprechen bei den Resonanzfrequenzen. In gleicher Weise wie die Nahnebensprechwerte lassen sich auch die Fernnebensprechwerte bei Resonanzfrequenzen zur Bestimmung des Kopplungsverlaufs verwenden. Durch Einsetzen von Gl. (4), (4a), (4b) in Gl. (18.5) erhalten wir mit der gleichen Annäherung wie oben:

$$\begin{aligned}
F_{0,12}(m) = -\frac{j\,m\,\pi}{4}\Bigg\{ &\frac{\varkappa_{13,m}\,\varkappa_{32,m}}{j\,2\,\alpha\,l}\,[m\,\pi\cos(\varphi_{13,m} - \varphi_{32,m}) \\
&+ j\,m\,\pi\sin(\varphi_{13,m} - \varphi_{32,m})] \\
&+ \sum_{\substack{n=0 \\ n \neq m}}^{\infty} \frac{n\,\pi\,\varkappa_{13,m}\,\varkappa_{32,m}}{-m^2\,\pi^2 + n^2\,\pi^2}\,[n\,\pi\cos(\varphi_{13,m} - \varphi_{32,n}) \\
&+ j\,m\,\pi\sin(\varphi_{13,n} - \varphi_{32,n})]\Bigg\}.
\end{aligned} \tag{8}$$

Wir bilden wieder den konjugiert komplexen Wert bei Endentausch $F_{l,12}^*$ bzw. bei Leitungstausch $F_{0,21}^*$, d.h. wir vertauschen in Gl. (8) die Indizes 1 und 2 und außerdem j mit $(-j)$. Dann entsteht wieder die unendliche Summe mit dem gleichen Wert wie in Gl. (8), aber mit engegengesetztem Vorzeichen, sie hebt sich also bei Addition weg:

$$F_{0,12}(m) + F_{l,12}^*(m) = -\frac{m^2\,\pi^2}{4\,\alpha\,l}\,\varkappa_{13,m}\,\varkappa_{32,m}\,e^{j(\varphi_{13,m} - \varphi_{32,m})}$$

und man erhält entsprechend der Gl. (7)

$$\varkappa_{13,m}\,\varkappa_{32,m}\,e^{j(\varphi_{13,m} - \varphi_{32,m})} = -\frac{4\,\alpha\,l}{m^2\,\pi^2}\,[F_{0,12}(m) + F_{l,12}^*(m)]. \tag{9}$$

Die Formeln gelten für den Fall, daß nur *eine* dritte Leitung vorhanden ist. Bestimmt man aber auch beim Vorhandensein von mehreren dritten Leitungen den Kopplungsverlauf nach diesen Formeln, so gelten die Kopplungen gegenüber einer „wirksamen" dritten Leitung, die die Wirkungen aller dritten Leitungen gleichwertig ersetzt.

§ 23. Das Imvierer-Fernnebensprechen im Trägerfrequenzkabel.

Der Anwendungsfall, für den heute eine Theorie des Nebensprechens am meisten interessiert, betrifft die verseilten symmetrischen Trägerfrequenzkabel mit einer höchsten Übertragungsfrequenz von 552 kHz. Für diese Leitungen ist die hier entwickelte Theorie des Nebensprechens bereits für das Fernnebensprechen zwischen den beiden Stämmen des gleichen Vierers (das sog. Imviererfernnebensprechen) durchgeführt [41], während eine nähere Untersuchung des Nebensprechens zwischen zwei Stämmen verschiedener Vierer (Nebenvierernebensprechen) zur Zeit noch aussteht.

Die Berechnung dieses Nebensprechens ist auch in Trägerfrequenzkabeln nach dem gleichen Verfahren möglich, das sich bei Freileitungen, nämlich bei Doppeldrehkreuzlinien (§ 20) und bei gekreuzten Paralleldrahtleitungen (§ 21) als richtig erwiesen hat. Diese Theorie setzt, wie bereits mehrfach erwähnt, Vernachlässigbarkeit der inneren Induktivitäten voraus, was bei Freileitungen im ganzen Frequenzbereich, bei Kabelleitungen aber ebenfalls oberhalb größenordnungsmäßig 30 bis 60 kHz hinreichend erfüllt ist. Das bedeutet, daß die elektrischen und die magnetischen Kopplungen völlig gleichberechtigt sind, so daß das unmittelbare Fernnebensprechen (d.h. das Fernnebensprechen beim Fehlen dritter Leitungen) exakt verschwindet. Die Voraussetzungen hierfür sind:

1. die inneren Induktivitäten sollen, wie erwähnt, vernachlässigbar sein;

2. die Anpassung an den Leitungsenden soll hinreichend gut sein, so daß das durch reflektiertes Nahnebensprechen entstehende Fernnebensprechen zu vernachlässigen ist;

3. die Quergleichmäßigkeit und die Längsgleichmäßigkeit des Dielektrikums soll ausreichend sein.

Diese 3. Voraussetzung bedeutet folgendes: Ist z.B. das ε in den einzelnen Querschnitten ungleichmäßig, dann gelten für die elektrischen Induktivitäten K_i bzw. K_k andere wirksame Dielektrizitätskonstanten als für die elektrischen Gegeninduktivitäten K_{ik}, so daß sich aus den Kopplungsfaktoren $K_{ik}/\sqrt{K_i K_k}$ das ε nicht heraushebt. Eine Schwankung des ε längs der Leitungen andererseits bedeutet eine Schwankung der Wellenwiderstände und bringt damit ein zusätzliches Fernnebensprechen durch Reflexionen an diesen Längsinhomogenitäten und Nahnebensprechen. Genaue Untersuchungen über die Größe dieser Zusatzeffekte sind bisher nicht bekannt geworden. Die obige Voraussetzung kann also zunächst nur durch die Übereinstimmung der theoretischen und der meßtechnischen Ergebnisse gestützt werden.

Das Fernnebensprechen kommt unter diesen Bedingungen ausschließlich durch doppeltes Nahnebensprechen über sämtliche dritten Leitungen zustande. Bei z Drähten und dem Kabelmantel gibt es $(z-2)$ dritte Leitungen, nämlich in dem 24paarigen Trägerfrequenzkabel (mit 48 Drähten und dem Kabelmantel) z. B. die 12 unsymmetrischen Systeme der 12 Vierer gegen den Mantel, die 12 Viererphantome und die 22 fremden Stammleitungen. Alle diese 46 Anteile müssen einzeln berechnet und addiert werden, wobei sich dann bei der Durchführung der Rechnung ergibt, daß einzelne Anteile vernachlässigbar sind (z. B. in unserem Fall die Anteile über die 22 Stämme und über die 12 Viererphantome).

a) **Meßergebnisse.** Die Messungen an dem Versuchskabel wurden mit einer Meßbrücke für komplexe Kopplungen (kapazitive Schaltung) der Firma Siemens & Halske durchgeführt. Diese Brücke gestattet im Frequenzbereich bis 500 kHz das Verhältnis zwischen Ausgangsstrom der gestörten Leitung und Eingangsspannung der störenden Leitung zu messen, und zwar nach Realteil und Imaginärteil, so daß man die Ergebnisse für die verschiedenen Frequenzen in Ortskurven darstellen kann. Die Abbildungen 48 und 49 zeigen solche Ortskurven für zwei von den neun Sternvierern der Außenlage des Kabels. Es bedeutet dabei[1]:

$$\mathrm{I\,II} \equiv \frac{8}{Z}F_{0,12}; \qquad \mathrm{II\,I} \equiv \frac{8}{Z}F_{0,21}\,. \qquad (1)$$

Auffallend an diesen Kurven ist der bekannte Tauscheffekt (vgl. § 22 b),

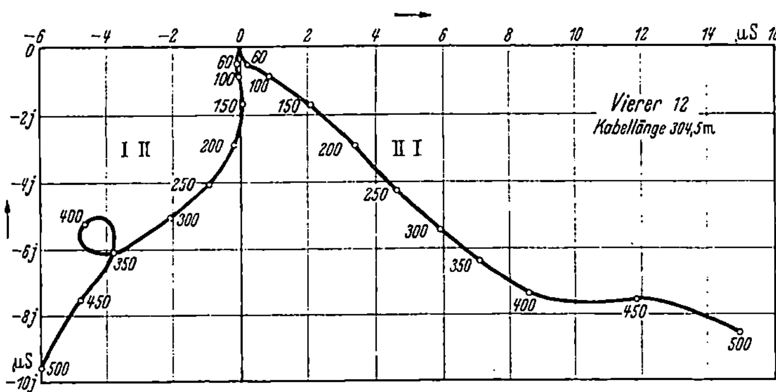

Abb. 48. Fernnebensprechmessungen an einem 24 paarigen Trägerfrequenzkabel, Vierer 12, Kabellänge 304,5 m (Skala auf den Ortskurven in kHz.)

der sich beim Leitungstausch I II — II I ergibt, sowie die große Unregelmäßigkeit des Kurvenverlaufs, die eine theoretische Deutung zunächst fast aussichtslos erscheinen läßt.

---

[1] Der Faktor 8/Z wurde hinzugefügt, um eine jedesmalige Umrechnung der einzelnen Meßpunkte zu vermeiden.

Der Abschlußwiderstand war rein reell und stimmte auf etwa 1% mit
dem Wellenwiderstand überein. Daß solche Abschlußfehler zulässig sind,
ergab sich daraus, daß eine Änderung der Abschlußwiderstände um etwa
10% das Nebensprechen noch verhältnismäßig wenig änderte.

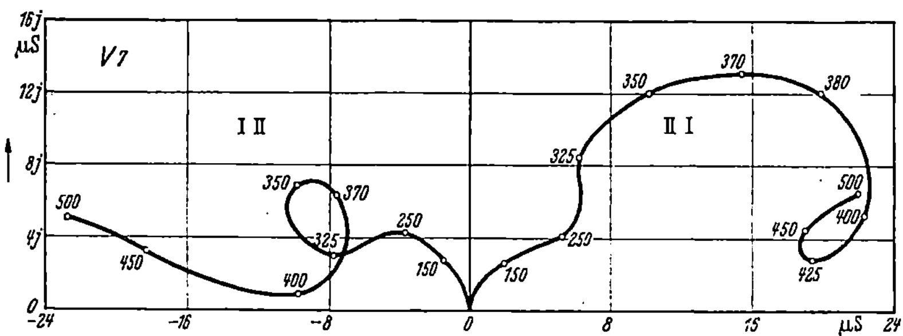

Abb. 49. Fernnebensprechmessungen an einem 24 paarigen Trägerfrequenzkabel, Vierer 7, Kabellänge 304,5 m (Skala auf den Ortskurven in kHz.)

b) Die Berechnung des Imvierernebensprechens. Um den Anteil des
Fernnebensprechens zu berechnen, der über eine bestimmte dritte Leitung zustande kommt, muß man die Abhängigkeit des Kopplungsfaktors $\varkappa$ zwischen Stamm I bzw. Stamm II und dieser dritten Leitung in
Abhängigkeit von der Leitungslänge kennen. Man kann sie berechnen,
wenn man die Drahtlage in jedem Querschnitt kennt. Diese Rechnung
ist für die praktisch allein interessierenden Kopplungen zu dem unsymmetrischen System in § 11 durchgeführt.

Diese Berechnung der Kopplungsfaktoren kann allerdings nur den
systematischen Anteil erfassen, d.h. den Anteil, der bei ideal genauer
Verseilung vorhanden wäre. Leider bedingt aber der sehr enge Kabelauf-
bau, daß schon kleine unvermeidliche Abweichungen von der idealen
Drahtlage ein zusätzliches Nebensprechen hervorrufen, das nicht zu vernachlässigen ist.

Aus diesem Grunde sind im § 18 die Gleichungen für das Fernnebensprechen unter der Voraussetzung abgeleitet worden, daß die Kopplungsfaktoren $\varkappa_{13}$ und $\varkappa_{32}$ beliebig über die Länge verteilt sind und daß man
diese Längsabhängigkeit durch zwei Fourierreihen Gl.(18.4a) und Gl.
(18.4b) analytisch darstellt. Das Endergebnis Gl.(18.5) läßt sich mit den
beiden Abkürzungen

$$P_n \equiv -\frac{4\,\pi^2}{Z}\,\varkappa_{13,\,n}\,\varkappa_{32,\,n}\,\cos\left(\varphi_{13,\,n} - \varphi_{32,\,n}\right), \tag{2a}$$

$$Q_n \equiv -\frac{4\,\pi}{Z}\,\varkappa_{13,\,n}\,\varkappa_{32,\,n}\,\sin\left(\varphi_{13,\,n} - \varphi_{32,\,n}\right), \tag{2b}$$

und den Gl.(1) folgendermaßen schreiben:

$$\left.\begin{array}{c} \mathrm{I\,II} \\ \mathrm{II\,I} \end{array}\right\} = \frac{1}{2}\sum_{n=1}^{\infty}\frac{n\,\gamma\,l}{\gamma^2\,l^2 + n^2\,\pi^2}\left(n\,P_n \pm \gamma\,l\,Q_n\right). \tag{3}$$

Die Theorie behauptet demnach, daß die Meßkurven des Fernnebensprechens (z.B. Abb. 48 und 49) durch die Gl. (3) analytisch darzustellen seien. Um diese Behauptung nachzuprüfen, ist es offenbar zweckmäßig, nicht die Ortskurven I II und II I unmittelbar zu betrachten, sondern aus Gl. (3) die Summe und die Differenz zu bilden und diese dann durch das Übertragungsmaß γl bzw. durch $\gamma^2 l^2$ zu dividieren:

$$\frac{\mathrm{I\,II} + \mathrm{II\,I}}{\gamma l} = \sum_{n=1}^{\infty} \frac{n^2 P_n}{\gamma^2 l^2 + n^2 \pi^2}, \qquad (4\,\mathrm{a})$$

$$\frac{\mathrm{I\,II} - \mathrm{II\,I}}{\gamma^2 l^2} = \sum_{n=1}^{\infty} \frac{n Q_n}{\gamma^2 l^2 + n^2 \pi^2}. \qquad (4\,\mathrm{b})$$

Diese beiden Größen lassen sich ohne weiteres aus den Meßergebnissen berechnen.

Ihre Frequenzabhängigkeit steckt in dem Übertragungsmaß $\gamma l = \alpha l + j \frac{\omega}{v} l$. Es ist also $\gamma^2 l^2 = \alpha^2 l^2 - \frac{\omega^2}{v^2} l^2 + 2j\alpha \frac{\omega}{v} l^2$. Dabei ist immer $\alpha^2 l^2$, das Quadrat des Dämpfungsmaßes, sowie in vielen Fällen auch der Imaginärteil $2j\alpha \frac{\omega}{v} l^2$ gegenüber $- \frac{\omega^2}{v^2} l^2$ zu vernachlässigen.

Der Nenner der einzelnen Glieder von Gl. (4a) und Gl. (4b) und damit die Glieder selbst sind reelle Größen, es sei denn für die Glieder mit einer solchen Ordnungszahl n, für die $- \frac{\omega^2}{v^2} l^2 + n^2 \pi^2 = 0$ oder gleich einer so kleinen Zahl ist, daß man den Imaginärteil $2j\alpha \frac{\omega}{v} l^2$ demgegenüber nicht mehr vernachlässigen kann. Diese Stellen kann man als Resonanzbereiche[1] bezeichnen. Bei ihnen ist wegen $\omega/v = 2\pi/\lambda$ ($\lambda =$ Wellenlänge) die Kabellänge l ungefähr gleich n mal der halben Wellenlänge ($n = 1, 2, \cdots \infty$). Wir haben also das Verhalten der rechten Seiten von Gl. (4a) und Gl. (4b) in den Frequenzbereichen innerhalb und außerhalb der Resonanzbereiche zu betrachten.

1. Das Fernnebensprechen außerhalb der Resonanzbereiche. Außerhalb der Resonanz haben die Nenner der Glieder von Gl. (4) den Wert $- \frac{\omega^2}{v^2} l^2 + n^2 \pi^2$. Die einzelnen Glieder sind also zwar frequenzabhängig, aber sie sind reell.

Die Fourierdarstellung Gl. (18.4) enthält als wichtigsten Anteil den systematischen. Infolge der Verseilung sind die Kopplungsfaktoren über die Länge mit der Schlaglänge periodisch und für den praktisch wichtigsten Fall der Kopplung zwischen einem Stamm und einem unsymmetrischen System derselben Lage (d.h. einer unverdrillten Leitung) ist diese

---

[1] Vgl. auch § 22, c und d.

Längenabhängigkeit sogar sehr angenähert sinusförmig [vgl. die Gleichungen (11.7), (11.11), (11.12), (11.15) und (11.16)]:

$$\varkappa_{13S} = \varkappa \cos\left(\frac{2\pi x}{G} + \varphi_{13S}\right), \quad \varkappa_{32S} = \varkappa \cos\left(\frac{2\pi x}{G} + \varphi_{32S}\right).$$

Da die beiden Stämme immer aufeinander senkrecht stehen, ist

$$\varphi_{32S} = \varphi_{13S} + \pi/2.$$

Damit wird $P_n = 0$. Die Größe $\varkappa$ kann man nach den erwähnten Gleichungen aus den geometrischen Abmessungen berechnen.

Die Ordnungszahl n des Fouriergliedes ist bei diesem systematischen Anteil durch $n = l/G$ gegeben; sie lag bei unserem Meßobjekt in der Größenordnung von 2000. Bei den verwendeten Frequenzen bis 500 kHz lag also dieser Anteil bei weitem außerhalb der Resonanz, ja man kann sogar in diesem Fall $-\frac{\omega^2}{v^2}l^2$ gegenüber $n^2\pi^2$ vernachlässigen, so daß dieser systematische Anteil auch frequenzunabhängig wird. Man erhält

$$\left.\begin{aligned}\left(\frac{\mathrm{I\,II} + \mathrm{II\,I}}{\gamma\,l}\right)_{\mathrm{syst}} &= 0, \\[2mm] \left(\frac{\mathrm{I\,II} - \mathrm{II\,I}}{\gamma^2\,l^2}\right)_{\mathrm{syst}} &= \frac{4\,\varkappa^2}{Z\,\pi}\,\frac{G}{l}\end{aligned}\right\} \tag{5}$$

bzw.

$$\left.\begin{aligned}\mathrm{I\,II} \\ \mathrm{II\,I}\end{aligned}\right\}_{\mathrm{syst}} = \pm\frac{2\,\varkappa^2}{Z\,\pi}\,\gamma^2\,l\,G. \tag{6}$$

Für das *gesamte* Fernnebensprechen *außerhalb der Resonanzbereiche* ergibt sich daher aus Gl. (3)

$$\left.\begin{aligned}\mathrm{I\,II} \\ \mathrm{II\,I}\end{aligned}\right\} = \pm\,\gamma^2\,l^2\left(\frac{2\,\varkappa^2\,G}{Z\,\pi\,l} + \frac{1}{2}\sum_{n=1}^{\infty}\frac{n\,Q_n}{\gamma^2\,l^2 + n^2\,\pi^2}\right) \\ + \frac{\gamma\,l}{2}\sum_{n=1}^{\infty}\frac{n^2\,P_n}{\gamma^2\,l^2 + n^2\,\pi^2}. \tag{3a}$$

Da die beiden unendlichen Summen in unserem Fall, wie erwähnt, reell sind und da man mit ausreichender Näherung hier $\gamma\,l = j\,\frac{\omega}{v}\,l$ und $\gamma^2\,l^2 = -\frac{\omega^2}{v^2}\,l^2$ setzen kann, folgt aus Gl. (3a) die wichtige Tatsache, daß beim Leitungstausch der Imaginärteil unverändert bleibt, während der Realteil sein Vorzeichen ändert. Die Frequenzabhängigkeit der beiden unendlichen Summen ist in der Regel verhältnismäßig gering, so daß dann der Imaginärteil angenähert proportional der Frequenz ist. Die Ortskurven sind also angenähert Parabeln nach Abb .50, die symmetrisch zur Ordinatenachse liegen.

2. Die Resonanzbereiche. Für die Frequenzen, bei denen $-\dfrac{\omega^2}{v^2}\, l^2 + n^2\pi^2 = 0$, d.h. $l = n\,\dfrac{\lambda}{2}$, also die Kabellänge ein ganzes Vielfaches der halben Wellenlänge ist, und in ihrer unmittelbaren Umgebung darf man den Imaginärteil $2j\alpha\,\dfrac{\omega}{v}\,l^2$ von $\gamma^2 l^2$ nicht vernachlässigen. Die Dämpfung αl einer Leitung ist bei den hier interessierenden Frequenzen sehr angenähert proportional der Wurzel aus der Frequenz. Die Resonanzbereiche sind aber so schmal, daß wir sie in ihnen auch mit ausreichender Genauigkeit proportional der Frequenz selbst setzen können:

$$\alpha l = p\,\omega\,l,$$

wobei der Proportionalitätsfaktor p in den einzelnen Resonanzbereichen verschiedenen Wert hat.

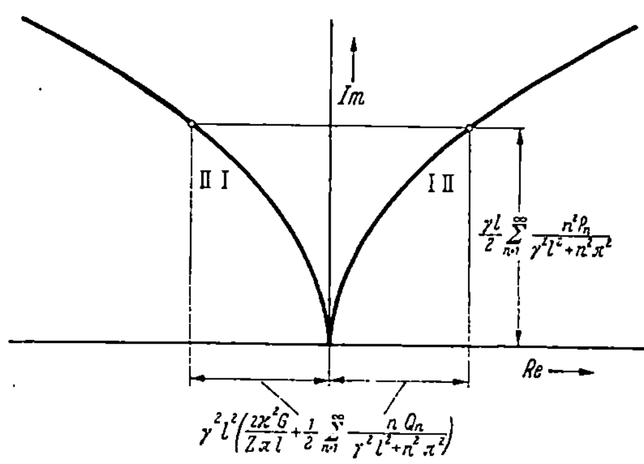

Abb. 50. Theoretische Ortskurven des Imvierer-Fernnebensprechens außerhalb der Resonanzbereiche.

Durch diesen Ansatz vereinfacht sich die Diskussion der einzelnen Glieder der Summen aus Gl. (4) erheblich.

Betrachten wir zunächst nur *ein* Summenglied von Gl. (4a). Es hat den Wert:

$$\frac{n^2\,P_n}{-\dfrac{\omega^2}{v^2}\,l^2 + 2j\,\dfrac{p}{v}\,\omega^2\,l^2 + n^2\,\pi^2}$$

und stellt als Ortskurve einen Kreis nach Abb. 51 dar, der eine quadratische Frequenzteilung trägt. Der Höchstwert des Imaginärteils, für $\omega = \omega_n$ ist durch $\omega_n^2\,l^2/v^2 = n^2\pi^2$ gegeben und beträgt $-j\,P_n/2\,p\,v\,\pi^2$. Entsprechend sehen die Glieder von Gl. (4b) aus. Tatsächlich ist aber nicht nur *ein* Summenglied vorhanden, sondern entsprechend den Werten von P_1, $P_2\cdots$, $Q_1, Q_2\cdots$ eine ganze Anzahl, so daß die aus den Meßpunkten ermittelten Kurven durch die Addition von mehreren solchen Kreisen entstehen.

c) Auswertung der Meßergebnisse. Zur Nachprüfung dieser Ergebnisse der Theorie wurden aus den gemessenen Ortskurven der beiden

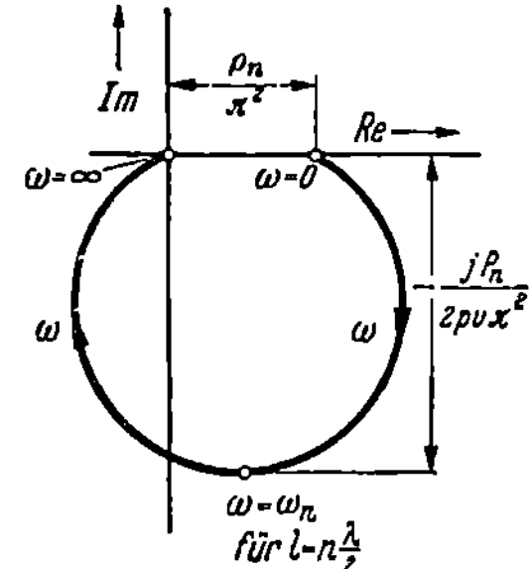

Abb. 51. Ortskurve der Funktion. $\dfrac{n^2\,P_n}{j^2 l^2 + n^2\pi^2}$.

Vierer 7 und 12 nach Abb. 48 und 49 sowie von zwei weiteren Außenvierern des Kabels die beiden Größen

$$\frac{I\,II + II\,I}{j\,\frac{\omega}{v}\,l} \quad \text{und} \quad \frac{I\,II - II\,I}{-\left(\frac{\omega}{v}\,l\right)^2}$$

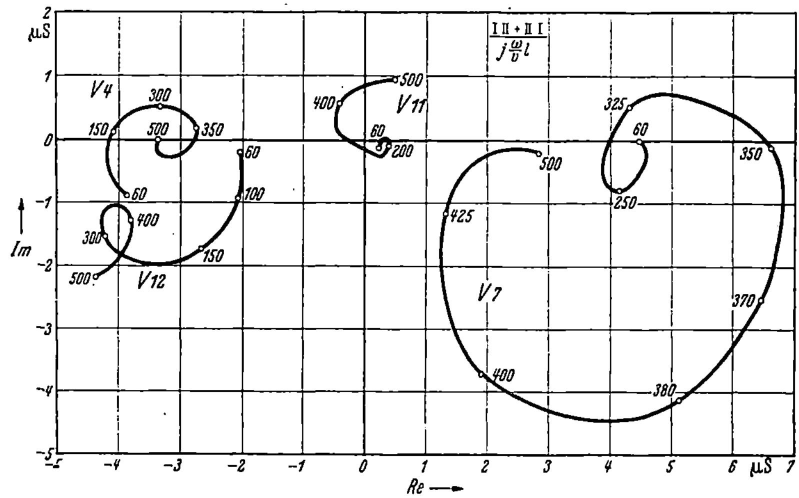

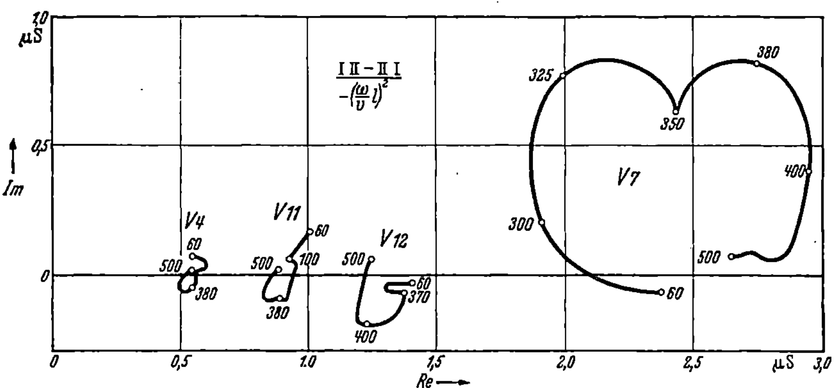

Abb. 52. Aus den Messungen errechnete Ortskurven $(I\,II + II\,I)/j\frac{\omega}{v}l$; Skala auf den Ortskurven in kHz.

berechnet[1] (Abb. 52 und 53). Wenn man will, kann man aus diesen Kurven die Konstanten P_n und Q_n ermitteln. Allerdings hätte man dafür für z Meßpunkte z lineare Gleichungen mit z Unbekannten zu lösen, falls

Abb. 53. Aus den Messungen errechnete Ortskurven $(I\,II - II\,I)/-\left(\frac{\omega}{v}l\right)^2$; Skala auf den Ortskurven in kHz.

---

[1] Nach Gl. (4) hätte man die Summe und die Differenz durch γl bzw. $\gamma^2 l^2$ dividieren sollen. Der Bequemlichkeit halber wurde aber die Dämpfung vernachlässigt, weil sich die Ortskurven dadurch nicht wesentlich ändern.

man nicht die Meßwerte bei den Resonanzfrequenzen benutzt (vgl. § 22d).

Bei dem Vierer 7 haben die Ortskurven auffallend gut die Kreisform wie in Abb. 51. Offenbar treten also durch einen Zufall bei diesem Vierer die Grundwellen der Kopplungsverteilungen [also die Summenglieder von Gl. (4a) und Gl. (4b) für $n = 1$] besonders stark hervor[1].

Da die Meßergebnisse, die nach einer durchaus nicht naheliegenden Vorschrift umgerechnet sind, den aus der Theorie sich ergebenden Erwartungen entsprechen, ist anzunehmen, daß diese Theorie den Entstehungsmechanismus des Imvierer-Fernnebensprechens richtig wiedergibt. Eine noch schärfere Prüfung besteht darin, daß man den systematischen Anteil, den man nach Gl. (5) aus Abb. 53 angenähert entnehmen kann, mit der zahlenmäßigen Berechnung aus den geometrischen Abmessungen (§ 11) vergleicht.

§ 24. Richtungskoppler aus zwei gekoppelten Leitungen.

Eine bemerkenswerte Anwendung der Nebensprechtheorie ergibt sich in der Meßtechnik der Höchstfrequenzen. Die Tatsache, daß das Fernnebensprechen unter gewissen Voraussetzungen verschwindet, kann dazu benutzt werden, zwei gekoppelte Leitungen als sog. Richtungskoppler zu benutzen.

An einem beliebigen Punkt einer Leitung besteht die Spannung bekanntlich aus der Summe der Teilspannungen der hinlaufenden und der rücklaufenden Welle. Daraus folgt, daß man durch eine Spannungsmessung immer nur die Summe dieser beiden Wellen feststellen kann. In der Höchstfrequenz-Meßtechnik ergibt sich aber häufig die Notwendigkeit, die Amplitude jeder der beiden Spannungswellen getrennt zu messen. Die Meßgeräte, die diese Aufgabe lösen, bezeichnet man als Richtungskoppler.

Wenn sich die zu messende Spannungswelle auf einer Paralleldrahtleitung, einer sog. Lecherleitung, befindet, kann man daran eine zweite Lecherleitung der Länge l ankoppeln, die an beiden Enden mit dem Wellenwiderstand abgeschlossen ist, und an beiden Enden dieser zweiten Leitung die Spannung messen [43][2]. Das Nahnebensprechen hängt dann von $\varkappa_{12}$, dem unmittelbaren Kopplungsfaktor, sowie von $\varkappa_{13}$, $\varkappa_{32}$, $\varkappa_{14}$, $\varkappa_{42}$, den mittelbaren Kopplungsfaktoren der beiden Leitungen 1 oder 2 zu den dritten Leitungen 3 und 4, ab; das Fernnebensprechen hängt nur von diesen mittelbaren Kopplungsfaktoren ab. Es ist jedoch leicht möglich, durch besondere Anordnung der 4 Drähte die mittelbaren Kopplungsfaktoren zum Verschwinden zu bringen.

---

[1] Die halbe Wellenlänge für das 300 m lange Kabel lag bei 380 kHz.

[2] Eine andere praktisch ausführbare Anordnung besteht aus einer koaxialen Leitung, in der als zweite Leitung ein Draht parallel zum Mittelleiter gegen den Mantel betrieben wird [39].

8 Klein, Nebensprechen.

Das ist z. B. der Fall, wenn die beiden Leitungen $a\,b$ und $c\,d$ mit horizontaler Schleife so untereinander liegen, daß eine senkrechte Ebene Symmetrieebene ist. Die beiden dritten Leitungen sind dann entweder das Viererphantom $a\,b/c\,d$ und das unsymmetrische System $a\,b\,c\,d/0$ oder die beiden unsymmetrischen Systeme $a\,b/0$ und $c\,d/0$. Für beide Arten der Leitungsbildung stehen die Schleifen der Stammleitungen und der dritten Leitungen aufeinander senkrecht, so daß die entsprechenden Kopplungsfaktoren aus Symmetriegründen verschwinden. Der unmittelbare Kopplungsfaktor $\varkappa_{12}$ dagegen verschwindet nicht; er ist durch (14.11) sowie (8.4) und (8.5) gegeben.

In diesem Fall ist das Nahnebensprechen nach (15.13)

$$N_{12} \equiv \frac{u_{20}}{u_{10}} = \gamma \int_0^l \varkappa_{12}(x)\, e^{-2\gamma x}\, dx$$

und das Fernnebensprechen nach (15.14)

$$F_{12} \equiv \frac{u_{2l}}{u_{1l}} = 0\,.$$

Diese beiden Gleichungen gelten unter der Voraussetzung, daß auf der Leitung 1 nur eine hinlaufende Welle $u_1 = u_{10}\, e^{-\gamma x}$ vorhanden ist. Wäre gleichzeitig eine rücklaufende Welle vorhanden, dann würde man am fernen Ende der Leitung 2 nicht die Spannung Null, sondern eine Nahnebensprechspannung messen, die dieser Welle entspricht. Diese Anordnung ist also aus diesem Grunde ein Richtungskoppler, denn man kann am Anfang bzw. am Ende der Leitung 2 die hinlaufende bzw. rücklaufende Welle der Leitung 1 messen [*39, 43*].

In der Regel wird man die beiden Leitungen parallel legen, so daß der Kopplungsfaktor $\varkappa_{12}$ über die Länge konstant ist.

Es ist dann

$$N_{12} = \frac{\overline{\varkappa_{12}}}{2}\left(1 - e^{-2\gamma l}\right). \tag{4}$$

Die größte Empfindlichkeit der Anordnung erzielt man dabei nach Abb. 22 Seite 58 für $l = \tfrac{1}{4}\lambda,\ \tfrac{3}{4}\lambda,\ \tfrac{5}{4}\lambda,\ \dots$

Bei veränderlichem $\varkappa_{12}$ lassen sich Filtereigenschaften erreichen. Ändert man z. B. den Abstand der beiden Paralleldrahtleitungen so, daß $\varkappa_{12}$ exponentiell abfällt:

$$\varkappa_{12}(x) = \varkappa_0 \exp\left(-\frac{x}{l}\ln\frac{\varkappa_0}{\varkappa_l}\right)$$

mit

$$\varkappa_0 \equiv \varkappa_{12}(0);\quad \varkappa_l \equiv \varkappa_{12}(l)\,,$$

so erhält man aus (1):

$$N_{12} = \gamma\,\varkappa_0 \int_0^l \exp\left(-\frac{x}{l}\ln\frac{\varkappa_0}{\varkappa_l} - 2\gamma x\right) dx$$

$$= \frac{-\gamma\,l\,\varkappa_0}{\ln(\varkappa_0/\varkappa_l) + 2\gamma l}\left[\exp\left(-\ln\frac{\varkappa_0}{\varkappa_l} - 2\gamma l\right) - 1\right]$$

und

$$N_{12} = \frac{\gamma l}{\ln(\varkappa_0/\varkappa_l) + 2\gamma l}\,(\varkappa_0 - \varkappa_l e^{-2\gamma l}). \tag{5}$$

Wir wollen die Frequenzabhängigkeit dieses Nahnebensprechens betrachten, beschränken uns aber auf den Fall, daß die zweite Leitung so stark abgespreizt ist, daß man $\varkappa_l e^{-2\gamma l}$ gegen $\varkappa_0$ vernachlässigen kann. Wir erhalten daher:

$$N_{12} = \varkappa_0 \frac{\gamma l}{\ln(\varkappa_0/\varkappa_l) + 2\gamma l}. \tag{5a}$$

Die Freqenzabhängigkeit von N_{12} steckt in $\gamma = j\omega/v$. Man erkennt, daß für kleine Frequenzen auch N_{12} gegen Null geht, während sich für sehr hohe Frequenzen der konstante Wert $N_{12(\infty)} = \tfrac{1}{2}\varkappa_0$ ergibt. Die Anordnung verhält sich also wie ein Hochpaß.

Einführung in die Matrizenrechnung.

Beim Rechnen mit Gleichungssystemen ist es zur Ersparung von Schreibarbeit und zur Erhöhung der Übersichtlichkeit zweckmäßig, von der Matrizenschreibweise Gebrauch zu machen. Die Verwendung der Matrizen in diesem Buch beschränkt sich auf die Darstellung der Gleichungssysteme mit Hilfe von Matrizenprodukten, der Substitution neuer Veränderlicher durch Matrizenmultiplikation und der Auflösung der Gleichungssysteme durch Bildung der reziproken Matrix. Diese Operationen sollen hier neben den Grundbegriffen der Matrizenschreibweise kurz erläutert werden.

1. Bezeichnungen. Eine *Matrix* ist ein rechteckiges System von Größen mit m Zeilen und n Spalten:

$$A = \begin{pmatrix} A_{11} & A_{12} & \ldots & A_{1n} \\ A_{21} & A_{22} & \ldots & A_{2n} \\ \vdots & \vdots & & \vdots \\ A_{m1} & A_{m2} & \ldots & A_{mn} \end{pmatrix}.$$

Die *Hauptdiagonale* ist diejenige Diagonale, die vom Element A_{11} ausgeht.

Eine *quadratische Matrix* ($m = n$ Reihen) hat eine Determinante $|A|$. Matrizen, die nur aus einer Spalte bestehen ($n = 1$), werden auch *Vektoren*[1] genannt:

$$x = \begin{pmatrix} x_1 \\ x_2 \\ \vdots \\ x_m \end{pmatrix}.$$

Beispiele für Vektoren: φ, q_D, u_L, q_L usw. (Seite 121), für quadratische Matrizen: $K_D, K_L, L_D, L_L, M_u, M_q$ usw. (Seite 121 und 122).

---

[1] Diese „Vektoren" sind keineswegs mit den physikalischen Vektoren (Kräfte, Feldstärken usw.) identisch. Sie stellen lediglich ein Rechenschema dar, das man u. a. auch zur Beschreibung physikalischer Vektoren verwendet. Für physikalische Vektoren gelten aber noch Zusatzbedingungen, nämlich Invarianzeigenschaften bei Koordinatentransformationen. Ein entsprechender Unterschied besteht zwischen Tensoren und Matrizen. Vgl. hierzu z. B. R. ZURMÜHL, Matrizen. Berlin/Göttingen/Heidelberg: Springer 1950.

Singuläre Matrix: Die Determinante verschwindet, $|A| = 0$.

Diagonalmatrix heißt eine Matrix, bei der alle Elemente außerhalb der Hauptdiagonale verschwinden.

Die *gestürzte oder transponierte Matrix* A' entsteht durch Vertauschen von Zeilen und Spalten von A (d.h. durch Spiegelung an der Hauptdiagonalen. Es ist $(A')' = A$.

Symmetrische Matrix: $A_{ik} = A_{ki}$, also $A' = A$.

2. Addition und Subtraktion von Matrizen. $C = A \pm B$ bedeutet: In der Matrix C ist jedes Element die Summe (Differenz) der entsprechenden Elemente von A und B. A und B müssen gleiche Zeilenzahl und gleiche Spaltenzahl haben[1].

Es gilt das *kommutative Gesetz:*

$$A \pm B = B \pm A.$$

$A - A = 0$ heißt *Nullmatrix.* In ihr sind alle Elemente gleich Null.

3. Multiplikation einer Matrix mit einer Zahl λ. λA oder $A\lambda$ bedeutet: Jedes Element von A ist mit λ zu multiplizieren[2].

4. Matrizenmultiplikation. Aus einem gestürzten Vektor y' (Zeilenvektor) und einem Spaltenvektor x von je n Elementen bildet man das *innere Produkt* folgendermaßen:

$$y' x = (y_1, y_2, \ldots, y_n) \begin{pmatrix} x_1 \\ x_2 \\ \vdots \\ x_n \end{pmatrix} = x_1 y_1 + x_2 y_2 + \cdots x_n y_n.$$

Das *Produkt zweier Matrizen* A und B läßt sich bilden, wenn die Spaltenzahl von A gleich der Zeilenzahl von B ist (wenn A und B „verkettet" sind). Es ist jedes Element des Produkts AB das innere Produkt des entsprechenden Zeilenvektors von A mit dem Spaltenvektor von B.

Beispiele.

$$AB = \begin{pmatrix} A_{11} & A_{12} \\ A_{21} & A_{22} \\ A_{31} & A_{32} \end{pmatrix} \begin{pmatrix} B_{11} & B_{12} & B_{13} \\ B_{21} & B_{22} & B_{23} \end{pmatrix}$$

$$= \begin{pmatrix} A_{11}B_{11} + A_{12}B_{21} & A_{11}B_{12} + A_{12}B_{22} & A_{11}B_{13} + A_{12}B_{23} \\ A_{21}B_{11} + A_{22}B_{21} & A_{21}B_{12} + A_{22}B_{22} & A_{21}B_{13} + A_{22}B_{23} \\ A_{31}B_{11} + A_{32}B_{21} & A_{31}B_{12} + A_{32}B_{22} & A_{31}B_{13} + A_{32}B_{23} \end{pmatrix} \tag{1}$$

---

[1] Es sei bemerkt, daß bei Determinanten die Addition und Subtraktion anders definiert ist.

[2] Bei Determinanten wird nur eine Zeile oder Spalte mit λ multipliziert. Es ist daher für eine n-reihige quadratische Matrix A

$$|\lambda A| = \lambda^n |A|.$$

$$\begin{pmatrix} a_1 \\ b_1 \\ c_1 \end{pmatrix} (a_2, b_2, c_2) = \begin{pmatrix} a_1 a_2 & a_1 b_2 & a_1 c_2 \\ b_1 a_2 & b_1 b_2 & b_1 c_2 \\ c_1 a_2 & c_1 b_2 & c_1 c_2 \end{pmatrix} \tag{2}$$

$$\left.\begin{aligned} AB &\equiv \begin{pmatrix} 2 & 1 \\ 4 & 2 \end{pmatrix} \begin{pmatrix} -1 & 3 \\ 2 & -6 \end{pmatrix} = \begin{pmatrix} 0 & 0 \\ 0 & 0 \end{pmatrix} \\[2mm] BA &\equiv \begin{pmatrix} -1 & 3 \\ 2 & -6 \end{pmatrix} \begin{pmatrix} 2 & 1 \\ 4 & 2 \end{pmatrix} = \begin{pmatrix} 10 & 5 \\ -20 & -10 \end{pmatrix} \end{aligned}\right\} \tag{3}$$

$$\left.\begin{aligned} M_u K_D M_u' &\equiv \begin{pmatrix} 1 & -1 \\ \tfrac{1}{2} & \tfrac{1}{2} \end{pmatrix} \begin{pmatrix} K_{11} & K_{12} \\ K_{12} & K_{22} \end{pmatrix} \begin{pmatrix} 1 & \tfrac{1}{2} \\ -1 & \tfrac{1}{2} \end{pmatrix} \\[2mm] &= \begin{pmatrix} 1 & -1 \\ \tfrac{1}{2} & \tfrac{1}{2} \end{pmatrix} \begin{pmatrix} K_{11} - K_{12} & \tfrac{1}{2}(K_{11} + K_{12}) \\ K_{12} - K_{22} & \tfrac{1}{2}(K_{12} + K_{22}) \end{pmatrix} \\[2mm] &= \begin{pmatrix} K_{11} - 2K_{12} + K_{22} & \tfrac{1}{2}(K_{11} - K_{22}) \\ \tfrac{1}{2}(K_{11} - K_{22}) & \tfrac{1}{4}(K_{11} + 2K_{12} + K_{22}) \end{pmatrix} \end{aligned}\right\} \tag{4}$$

Die Matrizenmultiplikation ist *assoziativ*

$$(AB)C = A(BC) = ABC$$

(vgl. Beispiel 4) und *distributiv*

$$(A + B)C = AC + BC; \quad A(B + C) = AB + AC,$$

aber im allgemeinen *nicht kommutativ:*

$$AB \text{ im allgemeinen } \neq BA.$$

Es ist also im allgemeinen nicht gleichgültig, ob man eine Matrix „vorn" oder „hinten" mit einer anderen multipliziert (vgl. Beispiel 3).

Produkt zweier gestürzter Matrizen: $A' B' = (BA)'$.

Wenn $AB = BA$, heißen A und B *vertauschbar*. Zum Beispiel ist die *Einheitsmatrix*

$$E = \begin{pmatrix} 1 & 0 & 0 & \ldots & 0 \\ 0 & 1 & 0 & \ldots & 0 \\ 0 & 0 & 1 & \ldots & 0 \\ \vdots & & & & \vdots \\ 0 & 0 & 0 & \ldots & 1 \end{pmatrix}$$

mit jeder anderen Matrix vertauschbar

$$AE = EA = A.$$

Die Determinante eines Produktes quadratischer Matrizen ist gleich dem Produkt der Determinanten der einzelnen Faktoren.

$$|AB| = |A| \cdot |B|.$$

5. Inverse oder reziproke Matrix. Eine Division von Matrizen gibt es nicht (weil das kommutative Gesetz bei der Multiplikation nicht gilt). Statt dessen kann man quadratische Matrizen mit der *inversen* oder *reziproken* Matrix A^{-1} „vorn" oder „hinten" malnehmen.

A^{-1} ist nur für nichtsinguläre Matrizen vorhanden (Determinante $|A| \neq 0$); für $|A| = 0$ (singuläre Matrix) und für rechteckige Matrizen gibt es keine inverse Matrix. Es ist

$$A^{-1} = \frac{1}{|A|} \begin{pmatrix} a_{11} & a_{21} & \cdots & a_{n1} \\ a_{12} & a_{22} & \cdots & a_{n2} \\ \vdots & \vdots & & \vdots \\ a_{1n} & a_{2n} & \cdots & a_{nn} \end{pmatrix}$$

Darin heißt a_{ik} die zum Element A_{ik} gehörige *Unterdeterminante*. Man erhält sie, wenn man in A die i-te Zeile und die k-te Spalte streicht und dann mit $(-1)^{i+k}$ multipliziert. Man beachte, daß in der reziproken Matrix gegenüber der ursprünglichen Matrix die Zeilen und Spalten vertauscht sind.

Es ist
$$A A^{-1} = A^{-1} A = E \, ,$$
$$(A B)^{-1} = B^{-1} A^{-1} \, ,$$
$$(A')^{-1} = (A^{-1})' \, .$$

6. Lineare Gleichungssysteme in Matrizenschreibweise. Ein lineares Gleichungssystem mit z.B. je 3 Veränderlichen $\varphi_1, \varphi_2, \varphi_3$ und q_1, q_2, q_3

$$\left. \begin{aligned} \varphi_1 &= K_{11} q_1 + K_{12} q_2 + K_{13} q_3 \\ \varphi_2 &= K_{12} q_1 + K_{22} q_2 + K_{23} q_3 \\ \varphi_3 &= K_{13} q_1 + K_{23} q_2 + K_{33} q_3 \end{aligned} \right\} \tag{1}$$

läßt sich unter Verwendung von Matrizen folgendermaßen schreiben:

$$\begin{pmatrix} \varphi_1 \\ \varphi_2 \\ \varphi_3 \end{pmatrix} = \begin{pmatrix} K_{11} & K_{12} & K_{13} \\ K_{12} & K_{22} & K_{23} \\ K_{13} & K_{23} & K_{33} \end{pmatrix} \begin{pmatrix} q_1 \\ q_2 \\ q_3 \end{pmatrix} \tag{2}$$

wie man sich durch Ausmultiplizieren leicht überzeugt[1]. Meist schreibt man abgekürzt:

$$\varphi = K_D q_D \, . \tag{3}$$

Die *Einführung neuer Veränderlicher* u_{L1}, u_{L2}, u_{L3} an Stelle der φ z.B. durch

$$\left. \begin{aligned} u_{L1} &= \varphi_1 - \varphi_2 \\ u_{L2} &= \tfrac{1}{2} \varphi_1 + \tfrac{1}{2} \varphi_2 - \varphi_3 \\ u_{L3} &= \tfrac{1}{4} \varphi_1 + \tfrac{1}{4} \varphi_2 + \tfrac{1}{2} \varphi_3 \end{aligned} \right\} \tag{4}$$

---

[1] Die Koeffizientenmatrix kann auch unsymmetrisch sein.

ergibt bei unmittelbarem Einsetzen umständliche Rechnungen. In der Matrizenschreibweise erhält man dagegen:

$$\begin{pmatrix} u_{L1} \\ u_{L2} \\ u_{L3} \end{pmatrix} = \begin{pmatrix} 1 & -1 & 0 \\ \tfrac{1}{2} & \tfrac{1}{2} & -1 \\ \tfrac{1}{4} & \tfrac{1}{4} & \tfrac{1}{2} \end{pmatrix} \begin{pmatrix} \varphi_1 \\ \varphi_2 \\ \varphi_3 \end{pmatrix} \tag{4a}$$

oder

$$u_L = M_u\,\varphi \tag{4b}$$

und durch Einsetzen in Gl. (3):

$$u_L = M_u K_D\,q_D. \tag{5}$$

Die neue Koeffizientenmatrix ist also $M_u K_D$, d.h. sie ist durch Ausmultiplizieren der beiden gegebenen Matrizen M_u und K_D leicht zu erhalten[1]. Beispiele für solche Substitutionen siehe § 9.

Eine weitere wichtige Anwendung des Matrizenformalismus stellt die *Auflösung des Gleichungssystems* (1) nach den q_1, q_2, q_3 dar. Die elementare Rechnung durch schrittweises Eliminieren der Unbekannten ist wieder sehr umständlich.

Falls $|K_D|$, die Determinante der Koeffizientenmatrix K_D von Gl. (1) von Null verschieden ist, existiert die reziproke Matrix K_D^{-1}. Durch vordere Multiplikation von Gl. (3) mit K_D^{-1} erhält man:

$$K_D^{-1}\,\varphi = K_D^{-1} K_D\,q_D = q_D. \tag{6}$$

Damit ist q_D bekannt. Zur Ausrechnung hat man K_D^{-1} nach der Definition der reziproken Matrix zu bilden. Die einzelnen Elemente von K_D^{-1} sind Quotienten von zwei Determinanten, wie es der CRAMER*schen Regel* zur Auflösung eines Systems inhomogener linearer Gleichungen entspricht.

---

[1] Es ist nicht notwendig, daß durch ein solches lineares Gleichungssystem die gleiche Zahl von Veränderlichen miteinander verbunden werden; die Koeffizientenmatrix kann also auch rechteckig statt quadratisch sein.

Formelübersicht.

Berechnung der Kopplungen aus den geometrischen Abmessungen.

Bezeichnungen:

z Drähte 1, 2, ... z; z Leitungen I, II, ... u.

$$\text{Drahtpotentiale } \varphi \equiv \begin{pmatrix} \varphi_1 \\ \varphi_2 \\ \vdots \\ \varphi_z \end{pmatrix}; \qquad \text{Drahtladungen } q_D \equiv \begin{pmatrix} q_1 \\ q_2 \\ \vdots \\ q_z \end{pmatrix}; \qquad (3.5)$$

$$\text{Leitungsspannungen } u_L \equiv \begin{pmatrix} u_I \\ u_{II} \\ \vdots \\ u_u \end{pmatrix}; \qquad \text{Leitungsladungen } q_L \equiv \begin{pmatrix} q_I \\ q_{II} \\ \vdots \\ q_u \end{pmatrix}; \qquad (5.3)$$

$$\text{Draht-Magnetflüsse } \Phi_D \equiv \begin{pmatrix} \Phi_1 \\ \Phi_2 \\ \vdots \\ \Phi_z \end{pmatrix}; \qquad \text{Drahtströme } i_D \equiv \begin{pmatrix} i_1 \\ i_2 \\ \vdots \\ i_z \end{pmatrix}; \qquad (3.10)$$

$$\text{Leitungs-Magnetflüsse } \Phi_L \equiv \begin{pmatrix} \Phi_I \\ \Phi_{II} \\ \vdots \\ \Phi_u \end{pmatrix}; \qquad \text{Leitungsströme } i_L \equiv \begin{pmatrix} i_I \\ i_{II} \\ \vdots \\ i_u \end{pmatrix}.$$

Elektrische Drahtgegeninduktivitäten (Hauptdiagnoale : Selbstinduktivitäten)

$$K_D \equiv \begin{pmatrix} K_{11} & K_{12} & \dots & K_{1z} \\ K_{12} & K_{22} & \dots & K_{2z} \\ \vdots & \vdots & & \vdots \\ K_{1z} & K_{2z} & \dots & K_{zz} \end{pmatrix} \qquad (3.5)$$

Elektrische Leitungsgegeninduktivitäten (Hauptdiagonale : Selbstinduktivitäten)

$$K_L \equiv \begin{pmatrix} K_I & K_{III} & \dots & K_{Iu} \\ K_{III} & K_{II} & \dots & K_{IIu} \\ \vdots & \vdots & & \vdots \\ K_{Iu} & K_{IIu} & \dots & K_u \end{pmatrix}$$

Magnetische Drahtgegeninduktivitäten (Hauptdiagonale : Selbstinduktivitäten)

$$L_D \equiv \begin{pmatrix} L_{11} & L_{12} & \dots & L_{1z} \\ L_{12} & L_{22} & \dots & L_{2z} \\ \vdots & & & \\ L_{1z} & L_{2z} & \dots & L_{zz} \end{pmatrix} \qquad (3.10)$$

Magnetische
Leitungsgegeninduktivitäten
(Hauptdiagonale : Selbst-
induktivitäten)

$$L_L \equiv \begin{pmatrix} L_{\mathrm{I}} & L_{\mathrm{I\,II}} & \cdots & L_{\mathrm{I}\,u} \\ L_{\mathrm{I\,II}} & L_{\mathrm{II}} & \cdots & L_{\mathrm{II}\,u} \\ \vdots & \vdots & & \vdots \\ L_{\mathrm{I}\,u} & L_{\mathrm{II}\,u} & \cdots & L_u \end{pmatrix} \qquad (5.9\,\mathrm{a})$$

MAXWELLsche Teilkapazitäten
(Hauptdiagonale : Summe aller
Knotenteilkapazitäten)

$$C_D \equiv \begin{pmatrix} +C_{11} & -C_{12} & \cdots & -C_{1z} \\ -C_{12} & +C_{22} & \cdots & -C_{2z} \\ \vdots & \vdots & & \vdots \\ -C_{1z} & -C_{2z} & \cdots & +C_{zz} \end{pmatrix} \qquad (4.1\,\mathrm{a})$$

Gegenseitige Kapazitäten
(Hauptdiagonale : Betriebskapazitäten)

$$C_L \equiv \begin{pmatrix} +C_{\mathrm{I}} & -C_{\mathrm{I\,II}} & \cdots & -C_{\mathrm{I}\,u} \\ -C_{\mathrm{I\,II}} & +C_{\mathrm{II}} & \cdots & -C_{\mathrm{II}\,u} \\ \vdots & \vdots & & \vdots \\ -C_{\mathrm{I}\,u} & -C_{\mathrm{II}\,u} & \cdots & +C_u \end{pmatrix} \qquad (6.2)$$

Übliche Schreibweise der Elemente der C_L-Matrix eines Vierers 1 (Stämme I_1 und II_1, Viererphantom V_1 und unsymmetrisches System U_1) und seines Nebenvierers 2 (I_2, II_2, V_2, U_2):

$$C_L = \begin{array}{c|cccc:cccc} & \mathrm{I}_1 & \mathrm{II}_1 & V_1 & U_1 & \mathrm{I}_2 & \mathrm{II}_2 & V_2 & U_2 \\ \hline \mathrm{I}_1 & C_{\mathrm{I}\,1} & -\tfrac{1}{4}k_1 & +\tfrac{1}{2}k_2 & +\tfrac{1}{2}e_1 & -\tfrac{1}{4}k_9 & -\tfrac{1}{4}k_{10} & -\tfrac{1}{4}k_5 & -\tfrac{1}{4}e_5 \\ \mathrm{II}_1 & -\tfrac{1}{4}k_1 & C_{\mathrm{II}\,1} & -\tfrac{1}{2}k_3 & +\tfrac{1}{2}e_2 & -\tfrac{1}{4}k_{11} & -\tfrac{1}{4}k_{12} & -\tfrac{1}{4}k_6 & -\tfrac{1}{4}e_6 \\ V_1 & +\tfrac{1}{2}k_2 & -\tfrac{1}{2}k_3 & C_{v1} & +\tfrac{1}{2}e_3 & -\tfrac{1}{4}k_7 & -\tfrac{1}{4}k_8 & -\tfrac{1}{4}k_4 & -\tfrac{1}{4}e_{13} \\ U_1 & +\tfrac{1}{2}e_1 & +\tfrac{1}{2}e_2 & +\tfrac{1}{2}e_3 & C_{u1} & -\tfrac{1}{4}e_7 & -\tfrac{1}{4}e_8 & -\tfrac{1}{4}e_{14} & -\tfrac{1}{4}e_4 \\ \hdashline \mathrm{I}_2 & -\tfrac{1}{4}k_9 & -\tfrac{1}{4}k_{11} & -\tfrac{1}{4}k_7 & -\tfrac{1}{4}e_7 & C_{\mathrm{I}\,2} & -\tfrac{1}{4}k_1^* & +\tfrac{1}{2}k_2^* & +\tfrac{1}{2}e_1^* \\ \mathrm{II}_2 & -\tfrac{1}{4}k_{10} & -\tfrac{1}{4}k_{12} & -\tfrac{1}{4}k_8 & -\tfrac{1}{4}e_8 & -\tfrac{1}{4}k_1^* & C_{\mathrm{II}\,2} & -\tfrac{1}{2}k_3^* & +\tfrac{1}{2}e_2^* \\ V_2 & -\tfrac{1}{4}k_5 & -\tfrac{1}{4}k_6 & -\tfrac{1}{4}k_4 & -\tfrac{1}{4}e_{14} & +\tfrac{1}{2}k_2^* & -\tfrac{1}{2}k_3^* & C_{v2} & +\tfrac{1}{2}e_3^* \\ U_2 & -\tfrac{1}{4}e_5 & -\tfrac{1}{4}e_6 & -\tfrac{1}{4}e_{13} & -\tfrac{1}{4}e_4 & +\tfrac{1}{2}e_1^* & +\tfrac{1}{2}e_2^* & +\tfrac{1}{2}e_3^* & C_{u2} \end{array} \qquad (9.10)$$

Benennungen:

k_1: Imvierer-Übersprechkopplung; k_2, k_3: Imvierer-Mitsprechkopplungen; e_1, e_2, e_3: Imvierer-Erdkopplungen; $k_4 \cdots k_{12}$: Nebenvierer-Übersprechkopplungen; $e_4 \cdots e_{14}$: Nebenvierer-Erdkopplungen.

Die Bezeichnungen $e_4 \cdots e_8$ und e_{13}, e_{14} sind bisher nicht gebräuchlich.

Gleichungssysteme.

Drahtbündel: $\qquad \varphi = K_D q_D; \qquad q_D = C_D \varphi \qquad\qquad (3.5\,\mathrm{b}); \quad (4.1\,\mathrm{b})$

$$\Phi_D = L_D i_D \qquad\qquad\qquad (3.10\,\mathrm{b})$$

Leitungsbildung: $\qquad u_L = M_u \varphi; \qquad q_L = M_q q_D \qquad\qquad (5.4\,\mathrm{a}); \quad (5.4\,\mathrm{b})$

$$\Phi_L = M_u \Phi_D \qquad i_L = M_q i_D$$

Leitungsbündel: $\qquad u_L = K_L q_L; \qquad q_L = C_L u_L \qquad\qquad (5.9); \quad (6.\mathrm{I})$

$$\Phi_L = L_L i_L$$

$$M_u M_q' = M_u' M_q = M_q M_u' = M_q' M_u = E . \qquad (5.8)$$

Feldfreie Leiter: Bei Vernachlässigbarkeit der inneren magnetischen Induktivitäten ist:

Wellengeschwindigkeit $\qquad v = 1/\sqrt{\varepsilon\mu}$.

Wellenwiderstand $\qquad Z_k = \sqrt{L_k K_k} = v L_k = K_k/v$. $\qquad$ (14.9 c)

Zusammenhang zwischen elektrischen und magnetischen Induktivitäten

$$L_D = K_D/v^2, \qquad L_L = K_L/v^2. \qquad (3.11)$$

Induktive Kopplungsfaktoren

$$L_{ik}/\sqrt{L_i L_k} = K_{ik}/\sqrt{K_i K_k} \equiv \varkappa_{ik}. \qquad (14.11)$$

Kapazitiver Kopplungsfaktor

$$C_{ik}/\sqrt{C_i C_k} \equiv c_{ik}.$$

Transformationsformeln.

$$\left.\begin{aligned}
K_D &= C_D^{-1} = M_q' K_L M_q = M_q' C_L^{-1} M_q, \\
C_D &= K_D^{-1} = M_u' K_L^{-1} M_u = M_u' C_L M_u, \\
K_L &= M_u K_D M_u' = M_u C_D^{-1} M_u' = C_L^{-1}, \\
C_L &= M_q K_D^{-1} M_q' = M_q C_D M_q' = K_L^{-1}.
\end{aligned}\right\} \qquad (6.3)$$

Sonderfälle der Transformationen.

Leitungskapazitäten aus elektrischen Leitungs-Induktivitäten: $C_L = K_L^{-1}$.

a) Zwei Leitungen I und II:

$$C_{\mathrm{I}} = \frac{K_{\mathrm{II}}}{K_{\mathrm{I}} K_{\mathrm{II}} - K_{\mathrm{I\,II}}^2}, \qquad C_{\mathrm{I\,II}} = \frac{K_{\mathrm{I\,II}}}{K_{\mathrm{I}} K_{\mathrm{II}} - K_{\mathrm{I\,II}}^2},$$

$$C_{\mathrm{II}} = \frac{K_{\mathrm{I}}}{K_{\mathrm{I}} K_{\mathrm{II}} - K_{\mathrm{I\,II}}^2}, \qquad c_{\mathrm{I\,II}} = \frac{K_{\mathrm{I\,II}}}{\sqrt{K_{\mathrm{I}} K_{\mathrm{II}}}} = \varkappa_{\mathrm{I\,II}}.$$

b) Drei Leitungen I, II und III:

$$C_{\mathrm{I}} = \frac{1}{N}\left(K_{\mathrm{II}} K_{\mathrm{III}} - K_{\mathrm{II\,III}}^2\right) \qquad C_{\mathrm{I\,II}} = \frac{1}{N}\left(K_{\mathrm{I\,II}} K_{\mathrm{III}} - K_{\mathrm{I\,III}} K_{\mathrm{III\,II}}\right)$$

$$C_{\mathrm{II}} = \frac{1}{N}\left(K_{\mathrm{I}} K_{\mathrm{III}} - K_{\mathrm{I\,III}}^2\right) \qquad C_{\mathrm{I\,III}} = \frac{1}{N}\left(K_{\mathrm{I\,III}} K_{\mathrm{II}} - K_{\mathrm{I\,II}} K_{\mathrm{II\,III}}\right)$$

$$C_{\mathrm{III}} = \frac{1}{N}\left(K_{\mathrm{I}} K_{\mathrm{II}} - K_{\mathrm{I\,II}}^2\right) \qquad C_{\mathrm{II\,III}} = \frac{1}{N}\left(K_{\mathrm{II\,III}} K_{\mathrm{I}} - K_{\mathrm{II\,I}} K_{\mathrm{I\,III}}\right)$$

mit

$$N = K_{\mathrm{I}} K_{\mathrm{II}} K_{\mathrm{III}} - K_{\mathrm{I}} K_{\mathrm{II\,III}}^2 - K_{\mathrm{II}} K_{\mathrm{I\,III}}^2 - K_{\mathrm{III}} K_{\mathrm{I\,II}}^2 + 2 K_{\mathrm{I\,II}} K_{\mathrm{I\,III}} K_{\mathrm{II\,III}}.$$

$$c_{\mathrm{I\,II}} = \frac{\varkappa_{\mathrm{I\,II}} - \varkappa_{\mathrm{I\,III}}\,\varkappa_{\mathrm{III\,II}}}{\sqrt{\left(1 - \varkappa_{\mathrm{I\,III}}^2\right)\left(1 - \varkappa_{\mathrm{II\,III}}^2\right)}}, \qquad c_{\mathrm{II\,III}} = \frac{\varkappa_{\mathrm{II\,III}} - \varkappa_{\mathrm{II\,I}}\,\varkappa_{\mathrm{I\,III}}}{\sqrt{\left(1 - \varkappa_{\mathrm{I\,II}}^2\right)\left(1 - \varkappa_{\mathrm{I\,III}}^2\right)}},$$

$$c_{\mathrm{I\,III}} = \frac{\varkappa_{\mathrm{I\,III}} - \varkappa_{\mathrm{I\,II}}\,\varkappa_{\mathrm{II\,III}}}{\sqrt{\left(1 - \varkappa_{\mathrm{II\,III}}^2\right)\left(1 - \varkappa_{\mathrm{I\,II}}^2\right)}}.$$

c) z Leitungen I, II, ... u bei loser Kopplung der Leitungen,

d.h. $K_{ik} \ll K_i;\ C_{ik} \ll C_i,$

$\varkappa_{ik} \ll 1;\quad c_{ik} \ll 1:$

$i, k = \text{I, II}, \ldots u$

$$C_i = 1/K_i;\ \ K_i = 1/C_i. \tag{7.1 a}$$

$$C_{ik} = \frac{K_{ik}}{K_i K_k} - \frac{K_{im} K_{mk}}{K_i K_k K_m} - \frac{K_{in} K_{nk}}{K_i K_k K_n} - \cdots, \tag{7.1 c}$$

$$K_{ik} = \frac{C_{ik}}{C_i C_k} + \frac{C_{im} C_{mk}}{C_i C_k C_m} + \frac{C_{in} C_{nk}}{C_i C_k C_n} + \cdots. \tag{7.1 b}$$

$$c_{ik} = \varkappa_{ik} - \varkappa_{im} \varkappa_{mk} - \varkappa_{in} \varkappa_{nk} - \cdots,$$

$$\varkappa_{ik} = c_{ik} + c_{im} c_{mk} + c_{in} c_{nk} + \cdots.$$

Leitungskapazitäten aus MAXWELLschen Teilkapazitäten:
$C_L = M_q\, C_D\, M_q'$:

a) Imviererkopplungen

4 Drähte $1, 2, 3, 4$ und Erde 0 bzw. 4 Leitungen (2 Stämme I und II, Viererphantom V und unsymmetrisches System U).

$$M_q = \begin{pmatrix} \tfrac{1}{2} & -\tfrac{1}{2} & 0 & 0 \\ 0 & 0 & \tfrac{1}{2} & -\tfrac{1}{2} \\ \tfrac{1}{2} & \tfrac{1}{2} & -\tfrac{1}{2} & -\tfrac{1}{2} \\ 1 & 1 & 1 & 1 \end{pmatrix}. \tag{9.1}$$

Betriebskapazitäten:

$$\left. \begin{aligned} C_I &= \tfrac{1}{4}(C_{11} + C_{22} + 2C_{12}), \\ C_{II} &= \tfrac{1}{4}(C_{33} + C_{44} + 2C_{34}), \\ C_v &= \tfrac{1}{4}(C_{11} + C_{22} + C_{33} + C_{44}) + \tfrac{1}{2}(-C_{12} - C_{34} + C_{13} + C_{23} + C_{14} + C_{24}), \\ C_u &= C_{11} + C_{22} + C_{33} + C_{44} - 2(C_{12} + C_{34} + C_{13} + C_{23} + C_{14} + C_{24}). \end{aligned} \right\} \tag{9.3 a}$$

mit

$$\left. \begin{aligned} C_{11} &= C_{12} + C_{13} + C_{14} + C_{10}, & C_{33} &= C_{31} + C_{32} + C_{34} + C_{30}, \\ C_{22} &= C_{21} + C_{23} + C_{24} + C_{20}, & C_{44} &= C_{41} + C_{42} + C_{43} + C_{40}. \end{aligned} \right\} \tag{9.2 b}$$

$$C_{ik} = C_{ki}.$$

Gegenseitige Kapazitäten bzw. Imviererkopplungen:

$$\left. \begin{aligned} C_{III} &\equiv \tfrac{1}{4} k_1 = \tfrac{1}{4}(C_{13} - C_{23} - C_{14} + C_{24}), \\ C_{Iv} &\equiv -\tfrac{1}{2} k_2 = \tfrac{1}{4}(-C_{11} + C_{22} - C_{13} + C_{23} - C_{14} + C_{24}), \\ C_{IIv} &\equiv \tfrac{1}{2} k_3 = \tfrac{1}{4}(C_{33} - C_{44} + C_{13} + C_{23} - C_{14} + C_{24}), \\ C_{Iu} &\equiv -\tfrac{1}{2} e_1 = \tfrac{1}{2}(-C_{11} + C_{22} + C_{13} - C_{23} + C_{14} - C_{24}), \\ C_{IIu} &\equiv -\tfrac{1}{2} e_2 = \tfrac{1}{2}(-C_{33} + C_{44} + C_{13} + C_{23} - C_{14} - C_{24}), \\ C_{vu} &\equiv -\tfrac{1}{2} e_3 = \tfrac{1}{2}(-C_{11} - C_{22} + C_{33} + C_{44}) + C_{12} - C_{34}. \end{aligned} \right\} \tag{9.3 b}$$

b) Nebenviererkopplungen

8 Drähte $1, 2, 3, 4$ und $5, 6, 7, 8$ und Erde 0 bzw. 8 Leitungen (2 Vierer mit je 2 Stämmen I und II, je einem Viererphantom V und je einem unsymmetrischen System U).

1. Viererphantom und Viererphantom:

$$4C_{v//v} \equiv k_4 = 15 + 25 - 35 - 45 + 16 + 26 - 36 - 46 - 17 - 27 \\ + 37 + 47 - 18 - 28 + 38 + 48. \tag{9.11 a}$$

2. Stamm und Viererphantom:

$$\left.\begin{aligned} 4C_{I//v} &\equiv k_5 = 15 - 25 + 16 - 26 - 17 + 27 - 18 + 28, \\ 4C_{II//v} &\equiv k_6 = 35 - 45 + 36 - 46 - 37 + 47 - 38 + 48, \\ 4C_{v//I} &\equiv k_7 = 15 + 25 - 35 - 45 - 16 - 26 + 36 + 46, \\ 4C_{v//II} &\equiv k_8 = 17 + 27 - 37 - 47 - 18 - 28 + 38 + 48. \end{aligned}\right\} \tag{9.11 b}$$

3. Stamm und Stamm:

$$\left.\begin{aligned} 4C_{I//I} &\equiv k_9 = 15 - 25 - 16 + 26, \\ 4C_{I//II} &\equiv k_{10} = 17 - 27 - 18 + 28, \\ 4C_{II//I} &\equiv k_{11} = 35 - 45 - 36 + 46, \\ 4C_{II//II} &\equiv k_{12} = 37 - 47 - 38 + 48. \end{aligned}\right\} \tag{9.11 c}$$

4. Unsymmetrisches System und unsymmetrisches System:

$$4C_{u//u} \equiv e_4 = 4(15 + 25 + 35 + 45 + 16 + 26 + 36 + 46 \\ + 17 + 27 + 37 + 47 + 18 + 28 + 38 + 48). \tag{9.11 d}$$

5. Stamm und unsymmetrisches System:

$$\left.\begin{aligned} 4C_{I//u} &\equiv e_5 = 2(15 - 25 + 16 - 26 + 17 - 27 + 18 - 28), \\ 4C_{II//u} &\equiv e_6 = 2(35 - 45 + 36 - 46 + 37 - 47 + 38 - 48), \\ 4C_{u//I} &\equiv e_7 = 2(15 + 25 + 35 + 45 - 16 - 26 - 36 - 46), \\ 4C_{u//II} &\equiv e_8 = 2(17 + 27 + 37 + 47 - 18 - 28 - 38 - 48). \end{aligned}\right\} \tag{9.11 e}$$

6. Viererphantom und unsymmetrisches System:

$$\left.\begin{aligned} 4C_{v//u} &\equiv e_{13} = 2(15 + 25 - 35 - 45 + 16 + 26 - 36 - 46 \\ &\qquad\qquad + 17 + 27 - 37 - 47 + 18 + 28 - 38 - 48), \\ 4C_{u//v} &\equiv e_{14} = 2(15 + 25 + 35 + 45 + 16 + 26 + 36 + 46 \\ &\qquad\qquad - 17 - 27 - 37 - 47 - 18 - 28 - 38 - 48). \end{aligned}\right\} \tag{9.11 f}$$

Die Imviererkopplungen bei diesem aus zwei Vierern bestehenden System ergeben sich wie bei einem Vierer aus Gl. (9.3 a) und (9.3 b). Doch gilt hier nicht Gl. (9.2 b); sie ist vielmehr durch $C_{11} = C_{12} + C_{13} + C_{14} + C_{15} + C_{16} + C_{17} + C_{18} + C_{10}$ (und entsprechend für C_{22} usw.) zu ersetzen.

Leitungsinduktivitäten aus Drahtinduktivitäten:

$$K_L = M_u K_D M'_u.$$

4 Drähte 1, 2, 3, 4 und Erde 0 bzw. 4 Leitungen I, II, V, U:

$$M_u = \begin{pmatrix} 1 & -1 & 0 & 0 \\ 0 & 0 & 1 & -1 \\ \frac{1}{2} & \frac{1}{2} & -\frac{1}{2} & -\frac{1}{2} \\ \frac{1}{4} & \frac{1}{4} & \frac{1}{4} & \frac{1}{4} \end{pmatrix}. \tag{10.1}$$

Selbstinduktivitäten:

$$\left.\begin{aligned}
K_{\mathrm{I}} &= K_{11} + K_{22} - 2K_{12}, \\
K_{\mathrm{II}} &= K_{33} + K_{44} - 2K_{34}, \\
K_v &= \tfrac{1}{4}(K_{11} + K_{22} + K_{33} + K_{44}) \\
&\quad - \tfrac{1}{2}(K_{13} + K_{23} + K_{14} + K_{24} - K_{12} - K_{34}), \\
K_u &= \tfrac{1}{16}(K_{11} + K_{22} + K_{33} + K_{44}) \\
&\quad + \tfrac{1}{8}(K_{13} + K_{23} + K_{14} + K_{24} + K_{12} + K_{34}).
\end{aligned}\right\} \quad (10.2\,\mathrm{a})$$

Gegeninduktivitäten:

$$\left.\begin{aligned}
K_{\mathrm{I\,II}} &= K_{13} - K_{23} - K_{14} + K_{24}, \\
K_{\mathrm{I}\,v} &= \tfrac{1}{2}(K_{11} - K_{22} - K_{13} + K_{23} - K_{14} + K_{24}), \\
K_{\mathrm{I}\,u} &= \tfrac{1}{4}(K_{11} - K_{22} + K_{13} - K_{23} + K_{14} - K_{24}), \\
K_{\mathrm{II}\,v} &= \tfrac{1}{2}(K_{13} - K_{14} + K_{23} - K_{24} - K_{33} + K_{44}), \\
K_{\mathrm{II}\,u} &= \tfrac{1}{4}(K_{13} - K_{14} + K_{23} - K_{24} + K_{33} - K_{44}), \\
K_{v\,u} &= \tfrac{1}{8}(K_{11} + K_{22} - K_{33} - K_{44} + 2K_{12} - 2K_{34}).
\end{aligned}\right\} \quad (10.2\,\mathrm{b})$$

Allgemeine Formeln für Induktivitäten von Paralleldrahtleitungen in zylindrischer Hülle bzw. über unendlicher Ebene.

$p_i =$ Hinleitung der Leitung i;

$n_k =$ Rückleitung der Leitung k;   ($i, k = 1$ und 2)

$\overline{p_i\,n_k} =$ „Abstand" zwischen p_i und n_k.

r_{p_i} bzw. $r_{n_k} =$ „Abstand" von der Hüllenachse.

$r'_{p_i} = r_m^2/r_{p_i}$ bzw. $r'_{n_k} = r_m^2/r_{n_k} =$ „Abstand" des Spiegelbildes von der Hüllenachse.

$r_m =$ Hüllenradius.

Alle „Abstände" bedeuten die mittleren geometrischen Abstände der einzelnen Drähte bzw. Spiegelbilder.

G e g e n i n d u k t i v i t ä t e n.

Symmetrische Leitung 1/symmetrische Leitung 2:

$$2\pi\varepsilon\,K_{s//s} = \ln \frac{\overline{p'_1\,p_2}\cdot\overline{n'_1\,p_2}\cdot\overline{p'_1\,n_2}\cdot\overline{n'_1\,n_2}}{\overline{p_1\,p_2}\cdot\overline{n'_1\,p_2}\cdot\overline{p'_1\,n_2}\cdot\overline{n_1\,n_2}} = \ln \frac{\overline{p'_2\,p_1}\cdot\overline{n'_2\,p_1}\cdot\overline{p'_2\,n_1}\cdot\overline{n'_2\,n_1}}{\overline{p_2\,p_1}\cdot\overline{n'_2\,p_1}\cdot\overline{p'_2\,n_1}\cdot\overline{n_2\,n_1}}. \quad (8.4)$$

Symmetrische Leitung 1/unsymmetrische Leitung 2:

$$2\pi\varepsilon\,K_{s//u} = \ln \frac{\overline{p'_1\,p_2}\cdot\overline{n'_1\,p_2}\cdot r_{p_1}}{\overline{p_1\,p_2}\cdot\overline{n'_1\,p_2}\cdot r_{n_1}} = \ln \frac{\overline{p_2\,n_1}\cdot\overline{p'_2\,p_1}}{\overline{p'_2\,n_1}\cdot\overline{p_2\,p_1}}. \quad (8.3)$$

Unsymmetrische Leitung 1/unsymmetrische Leitung 2:

$$2\pi\varepsilon\,K_{u//u} = \ln \frac{\overline{p'_1\,p_2}\cdot r_{p_1}}{\overline{p_1\,p_2}\cdot r_m} = \ln \frac{\overline{p'_2\,p_1}\cdot r_{p_2}}{\overline{p_2\,p_1}\cdot r_m}. \quad (8.1)$$

Selbstinduktivitäten.

Symmetrische Leitung:

$$2\,\pi\,\varepsilon\,K_s = \ln \frac{\overline{n_1\,p_1}^2 \cdot \overline{p_1'\,p_1} \cdot \overline{n_1'\,n_1}}{\overline{p_1\,p_1} \cdot \overline{n_1\,n_1} \cdot \overline{p_1'\,n_1} \cdot \overline{n_1'\,p_1}}\,. \qquad (8.5)$$

Unsymmetrische Leitung:

$$2\,\pi\,\varepsilon\,K_u = \ln \frac{\overline{p_1'\,p_1} \cdot r_{p1}}{\overline{p_1\,p_1} \cdot r_m}\,. \qquad (8.2)$$

Kopplungen und Fernnebensprechen bei der Doppeldrehkreuzlinie.

I und II = Stammleitungen. V = Viererphantom aus I und II. U = unsymmetrisches System (V gegen Erde). I und II stehen aufeinander senkrecht ($\vartheta_1 = \vartheta_2 + \pi/2$).

Gegeninduktivitäten:

$$\frac{r\,d}{d^2 + 2\,r^2} \equiv p; \qquad \frac{\pi\,x}{2\,w} \equiv \vartheta_1\,.$$

(w = Mastabstand, x = Längskoordinate)

$$2\,\pi\,\varepsilon\,K_{\mathrm{I\,II}} \approx 0, \qquad\qquad 2\,\pi\,\varepsilon\,K_{\mathrm{I}\,u} = +\,p\cos\vartheta_1,$$
$$2\,\pi\,\varepsilon\,K_{\mathrm{I}\,v} = -\,2p\cos\vartheta_1, \quad 2\,\pi\,\varepsilon\,K_{\mathrm{II}\,u} = -\,p\sin\vartheta_1. \left.\right\} (10.3\mathrm{b})$$
$$2\,\pi\,\varepsilon\,K_{\mathrm{II}\,v} = -\,2p\sin\vartheta_1,$$

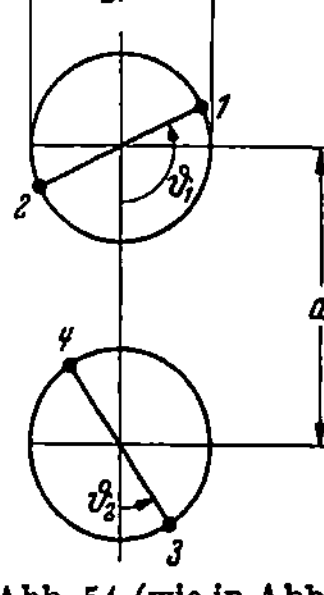

Abb. 54 (wie in Abb. 15). Bezeichnungen bei der Doppeldrehkreuzlinie.

Selbstinduktivitäten:

ϱ = Drahtradius.

$$2\,\pi\,\varepsilon\,K_{\mathrm{I}} = 2\,\pi\,\varepsilon\,K_{\mathrm{II}} = 2\ln\frac{2\,r}{\varrho}, \qquad 2\,\pi\,\varepsilon\,K_v = \ln\frac{d^2 + 2\,r^2}{2\,r\,\varrho}, \left.\right\}$$
$$2\,\pi\,\varepsilon\,K_u = \tfrac{1}{4}\ln\frac{8\,h^4}{r\,\varrho\,(d^2 + 2\,r^2)}\,. \qquad\qquad\qquad (10.3\,\mathrm{a})$$

Kopplungsfaktoren:

$$\varkappa_{\mathrm{I}\,v} = -\,\varkappa_v\cos\vartheta_1, \qquad \varkappa_{\mathrm{I}\,u} = +\,\varkappa_u\cos\vartheta_1, \left.\right\}$$
$$\varkappa_{\mathrm{II}\,v} = -\,\varkappa_v\sin\vartheta_1, \qquad \varkappa_{\mathrm{II}\,u} = -\,\varkappa_u\sin\vartheta_1, \left.\right\} (20.2)$$

mit

$$\varkappa_v = \frac{\sqrt{2}\,p}{\sqrt{\ln\dfrac{2\,r}{\varrho}\,\ln\dfrac{d^2 + 2\,r^2}{2\,r\,\varrho}}}, \qquad \varkappa_u = \frac{\sqrt{2}\,p}{\sqrt{\ln\dfrac{2\,r}{\varrho}\,\ln\dfrac{8\,h^4}{r\,\varrho\,(d^2 + 2\,r^2)}}}\,. \qquad (20.1)$$

Fernnebensprechen:

$$F_{\mathrm{I\,II}} = \frac{\gamma^2\,l\,w\,\pi}{16\,\gamma^2\,w^2 + \pi^2}\,(\varkappa_u^2 - \varkappa_v^2)\,. \qquad (20.3)$$

Kopplungen im Sternviererkabel.

I = Stammleitung, U = unsymmetrisches System (alle 4 Drähte eines Vierers gegen Mantel).

a) Gegeninduktivität zwischen einer Stammleitung I und einem unsymmetrischen System U in verschiedenen Vierern, beide Vierer in der gleichen Verseillage (ψ konstant):

$$2\,\pi\,\varepsilon\,K_{\mathrm{I}//u} = P\cos\vartheta_1 + Q\sin\vartheta_1 , \qquad (11.7)$$

mit

$$P = A(\cos\psi - 1) - B(\cos\psi - r_1/r_1'), \quad Q = (A - B)\sin\psi .$$

$$A = \frac{2\,r\,r_1}{2\,r_1^2(1 - \cos\psi) + r^2}, \quad B = \frac{2\,r\,r_1'}{r_1^2 + r_1'^2 + r^2 - 2\,r_1\,r_1'\cos\psi} . \quad r_1' = r_m^2/r_1 .$$

$$(11.6)$$

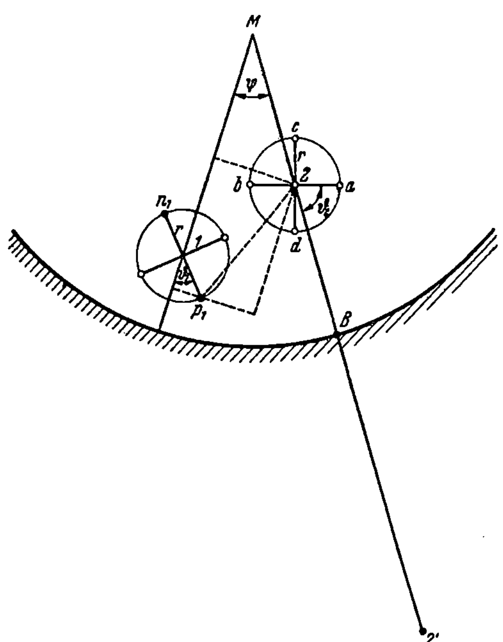

Abb. 55 (wie Abb. 16.) Bezeichnungen im Sternviererkabel.

$$(\overline{M\,1} = r_1, \quad \overline{M\,2} = r_2, \quad \overline{M\,B} = r_m, \quad \overline{M\,2'} = r_m^2/r_2) .$$

b) Gegeninduktivität zwischen einer Stammleitung I und einem unsymmetrischen System U in verschiedenen Verseillagen (ψ veränderlich):

$$2\,\pi\,\varepsilon\,K_{\mathrm{I}//u} = T - T' , \qquad (11.5\,\mathrm{b})$$

mit

$$\frac{2\,r_1\,r_2}{r_1^2 + r_2^2 + r^2} = C; \quad \frac{2\,r\,r_1}{r_1^2 + r_2^2 + r^2} = D; \quad \frac{2\,r\,r_2}{r_1^2 + r_2^2 + r^2} = E; \left.\right\}$$

$$\frac{2\,r_1\,r_2'}{r_1^2 + r_2'^2 + r^2} = C'; \quad \frac{2\,r\,r_1}{r_1^2 + r_2'^2 + r^2} = D'; \quad \frac{2\,r\,r_2'}{r_1^2 + r_2'^2 + r^2} = E'; \left.\right\} \quad (11.8)$$

und

$$
\begin{aligned}
T &= T(C,D,E) \\
&= [-D\,(1 + \tfrac{1}{2}C^2 + \tfrac{3}{8}C^4) + \tfrac{1}{2}E\,(C + \tfrac{3}{4}C^3)]\cos\vartheta_1 \\
&\quad + [E\,(1 + \tfrac{1}{2}C^2 + \tfrac{3}{8}C^4) - \tfrac{1}{2}D\,(C + \tfrac{3}{4}C^3)]\cos(\psi - \vartheta_1) \\
&\quad + [-\tfrac{1}{2}D\,(C + \tfrac{3}{4}C^3) + \tfrac{1}{4}E\,(C^2 + C^4)]\cos(\psi + \vartheta_1) \\
&\quad + [\tfrac{1}{2}E\,(C + \tfrac{3}{4}C^3) - \tfrac{1}{4}D\,(C^2 + C^4)]\cos(2\psi - \vartheta_1) \\
&\quad + [-\tfrac{1}{4}D\,(C^2 + C^4) + \tfrac{1}{8}E\,C^3]\cos(2\psi + \vartheta_1) + \cdots \\
T' &= T(C',D',E').
\end{aligned}
\qquad (11.10)
$$

c) Gegeninduktivität zwischen einer Stammleitung I und einem unsymmetrischen System U im gleichen Vierer:

$$
2\,\pi\,\varepsilon\,K_{Iu} = -\frac{2\,r\,(r_1' - r_1)}{(r_1' - r_1)^2 + r^2}\cos\vartheta_1.
\qquad (11.14)
$$

d) Selbstinduktivität einer Stammleitung I:

$$
2\,\pi\,\varepsilon\,K_I = 2\ln\frac{2\,r}{\varrho} - \frac{4\,r_m^2\,r^2}{(r_m^2 - r_1^2)^2 + r^4}.
\qquad (11.17\,\mathrm{c})
$$

e) Selbstinduktivität eines unsymmetrischen Systems U:

$$
2\,\pi\,\varepsilon\,K_u = \ln\frac{r_m - r_1^2/r_m}{\sqrt[4]{4\,\varrho\,r^3}}.
\qquad (11.20)
$$

Berechnung des Nebensprechens aus den Kopplungen.

Verallgemeinerte Telegraphengleichungen für die Leitung k ($k = 1 \cdots z$):

$$
-U_k = \frac{1}{j\,\omega}\left(K_{1k}\frac{dI_1}{dx} + K_{2k}\frac{dI_2}{dx} + \cdots + K_k\frac{dI_k}{dx} + \cdots + K_{zk}\frac{dI_z}{dx}\right).
\qquad (13.3\,\mathrm{a})
$$

$$
-\frac{dU_k}{dx} = j\,\omega\,(L_{1k}I_1 + L_{2k}I_2 + \cdots + L_k I_k + \cdots + L_{zk}I_z).
\qquad (13.3\,\mathrm{b})
$$

In normierter Schreibweise ($Z_k = $ Wellenwiderstand)

$$
u_k = \frac{U_k}{\sqrt{Z_k}}; \qquad i_k = I_k\sqrt{Z_k}
\qquad (12.1)
$$

und bei feldfreien Leitern (Vernachlässigung der inneren Induktivitäten), d.h.

$$
Z_k = \sqrt{L_k K_k} = v\,L_k = K_k/v; \qquad \gamma = \frac{j\,\omega}{v}
\qquad (14.9\,\mathrm{c})
$$

($v = $ Wellengeschwindigkeit)
sowie Einführung der Kopplungsfaktoren

$$
L_{ik}/\sqrt{L_i L_k} = K_{ik}/\sqrt{K_i K_k} = \varkappa_{ik}
\qquad (14.11)
$$

gehen diese verallgemeinerten Telegraphengleichungen über in:

$$
-\gamma\,u_k = \varkappa_{1k}\frac{di_1}{dx} + \varkappa_{2k}\frac{di_2}{dx} + \cdots + \frac{di_k}{dx} + \cdots + \varkappa_{zk}\frac{di_z}{dx},
$$

$$
-\frac{du_k}{dx} = \gamma\,(\varkappa_{1k}i_1 + \varkappa_{2k}i_2 + \cdots + i_k + \cdots + \varkappa_{zk}i_z).
$$

Weiterhin wird lose Kopplung der einzelnen Leitungen angenommen (d. h. $\varkappa_{ik} \ll 1$, so daß $\varkappa_{ik}^2 \approx 0$ gegenüber 1).

Störende Leitung 1 und gestörte Leitung 2 mit Wellenwiderständen abgeschlossen:

a) Dritte Leitung 3 beidseitig mit Wellenwiderstand abgeschlossen.

1. Paralleldrahtleitungen ($\varkappa_{ik}$ konstant):

Nahnebensprechen:

$$N_{12} \equiv \frac{u_{20}}{u_{10}} = \frac{1}{2}\left(\varkappa_{12} - \frac{\varkappa_{13}\,\varkappa_{32}}{2}\right)(1 - e^{-2\gamma l}). \qquad (14.15\,\mathrm{b})$$

Fernnebensprechen:

$$F_{12} \equiv \frac{u_{2l}}{u_{1l}} = -\frac{\varkappa_{13}\,\varkappa_{32}}{4}(1 - e^{-2\gamma l}). \qquad (14.15\,\mathrm{a})$$

Elektrisch kurze Leitungen ($\gamma\,dx \ll 1$):

Nahnebensprechen:

$$dN_{12} = \left(\varkappa_{12} - \frac{\varkappa_{13}\,\varkappa_{32}}{2}\right)\gamma\,dx. \qquad (14.17\,\mathrm{b})$$

Fernnebensprechen:

$$dF_{12} = -\frac{\varkappa_{13}\,\varkappa_{32}}{2}\,\gamma\,dx. \qquad (14.17\,\mathrm{a})$$

2. Kopplungsverlauf $\varkappa_{ik}(x)$ beliebig:

Nahnebensprechen:

$$N_{12} \equiv \frac{u_{20}}{u_{10}} = \gamma \int_0^l \left(\varkappa_{12} - \frac{\varkappa_{13}\,\varkappa_{32}}{2}\right)e^{-2\gamma x}\,dx. \qquad (15.13)$$

Fernnebensprechen:

$$F_{12} \equiv \frac{u_{2l}}{u_{1l}} = -\frac{\gamma}{2}\int_0^l \varkappa_{13}\,\varkappa_{32}\,dx + \gamma^2 \int_{x=0}^l \left\{\int_{\xi=0}^x \varkappa_{32}(\xi)\,e^{+2\gamma\xi}\,d\xi\right\}\varkappa_{13}(x)\,e^{-2\gamma x}\,dx \qquad (15.14)$$

$$= -\frac{\gamma}{2}\int_0^l \varkappa_{13}\,\varkappa_{32}\,dx + \gamma^2 \int_{x=0}^l \left\{\int_{\xi=x}^l \varkappa_{13}(\xi)\,e^{-2\gamma\xi}\,d\xi\right\}\varkappa_{32}(x)\,e^{+2\gamma x}\,dx. \qquad (15.15)$$

b) Dritte Leitung 3 beidseitig offen oder kurzgeschlossen.

1. Paralleldrahtleitungen ($\varkappa_{ik}$ konstant):

Nahnebensprechen, Leitung 3 beidseitig offen:

$$N_{12} = \tfrac{1}{2}\,\varkappa_{12}(1 - e^{-2\gamma l}).$$

Nahnebensprechen, Leitung 3 beidseitig kurzgeschlossen:

$$N_{12} = \tfrac{1}{2}(\varkappa_{12} - \varkappa_{13}\,\varkappa_{32})(1 - e^{-2\gamma l}) = \tfrac{1}{2}c_{12}(1 - e^{-2\gamma l}).$$

Fernnebensprechen:

$$F_{12} = 0.$$

Elektrisch kurze Leitungen ($\gamma\,d\,x \ll 1$):

Nahnebensprechen, Leitung 3 beidseitig offen:

$$d\,N_{12} = \varkappa_{12}\,\gamma\,d\,x\,.$$

Nahnebensprechen, Leitung 3 beidseitig kurzgeschlossen:

$$d\,N_{12} = c_{12}\,\gamma\,d\,x\,.$$

2. Kopplungsverlauf $\varkappa_{ik}(x)$ beliebig:

Nahnebensprechen:

$$N_{12} \equiv \frac{u_{20}}{u_{10}} = -\frac{i_{20}}{u_{10}} = \gamma \int_0^l \left(\varkappa_{12} - \frac{\varkappa_{13}\,\varkappa_{32}}{2} \right) e^{-2\gamma x}\,d\,x$$
$$\pm \frac{\gamma^2}{1 - e^{-2\gamma l}} \int_0^l \varkappa_{13}\,e^{-2\gamma x}\,d\,x \cdot \int_0^l \varkappa_{32}\,e^{-2\gamma x}\,d\,x\,.$$

(15.13;
16.5 a;
16.7 a)

Oberes Vorzeichen: Leitung 3 beidseitig offen.
Unteres Vorzeichen: Leitung 3 beidseitig kurzgeschlossen.

Fernnebensprechen:

Mit $\qquad \varkappa_{13}(x + l) = \varkappa_{13}(x)$: $\qquad\qquad$ (16.10)

$$F_{12} \equiv \frac{u_{2l}}{u_{1l}} = \frac{i_{2l}}{u_{1l}} = -\frac{\gamma}{2} \int_0^l \varkappa_{13}\,\varkappa_{32}\,d\,x$$
$$+ \frac{\gamma^2}{1 - e^{-2\gamma l}} \int_{x=0}^l \left\{ \int_{\xi=x}^{x+l} \varkappa_{13}(\xi)\,e^{-2\gamma\xi}\,d\,\xi \right\} \varkappa_{32}(x)\,e^{+2\gamma x}\,d\,x$$

(16.12)

$$= \frac{\gamma}{2(1 - e^{-2\gamma l})} \int_{x=0}^l \left\{ \int_{\xi=x}^{x+l} e^{-2\gamma\xi}\,d\varkappa_{13}(\xi) \right\} \varkappa_{32}(x)\,e^{+2\gamma x}\,d\,x\,. \qquad (16.13)$$

3. Kopplungsverlauf durch Fourierreihe dargestellt:

$$\varkappa_{ik}(x) = \sum_{n=0}^\infty \varkappa_{ik,n} \cos\left(n\frac{2\pi x}{l} + \varphi_{ik,n} \right).$$
$$i,k = 1,2,3; \quad i \neq k.$$

(18.2;
18.4 a;
18.4 b)

Nahnebensprechen ($\varkappa_{13}\varkappa_{32} \ll \varkappa_{12}$):

$$\left.\begin{array}{c} N_{0,12} \\ N_{l,12} \end{array}\right\} = \frac{\gamma l}{2}(1 - e^{-2\gamma l}) \sum_{n=0}^\infty \frac{\varkappa_{12,n}}{\gamma^2 l^2 + n^2\pi^2}(\gamma l \cos\varphi_{12,n} \mp n\pi \sin\varphi_{12,n})\,. \quad (18.3)$$

Unteres Vorzeichen gilt bei Endentausch (Messung bei $x = l$ statt bei $x = 0$).

9*

Fernnebensprechen:

$$\left.\begin{array}{r}F_{12}\\F_{21}\end{array}\right\} = -\frac{\gamma l}{4}\sum_{n=1}^{\infty}\frac{n\pi\varkappa_{13,n}\varkappa_{32,n}}{\gamma^2 l^2 + n^2\pi^2}\left[n\pi\cos(\varphi_{13,n}-\varphi_{32,n})\right.$$

$$\left.\pm\gamma l\sin(\varphi_{13,n}-\varphi_{32,n})\right]. \tag{18.5}$$

Unteres Vorzeichen gilt bei Leitungstausch $2 \rightarrow 1$ statt $1 \rightarrow 2$.

4. Bestimmung der Fourierkoeffizienten durch Messung des Nebensprechens bei Resonanzfrequenzen ($l = m\lambda/2;\; m = 1, 2, 3, \ldots$):

$$\varkappa_{12,m}\, e^{j\varphi_{12,m}} = -\frac{j\,2\alpha l}{1-e^{-2\alpha l}}\,\frac{1}{m\pi}(N_{0,12}(m) - N^{*}_{l,12}(m)), \tag{22.7}$$

$$\varkappa_{13,m}\varkappa_{32,m}\, e^{j(\varphi_{13,m}-\varphi_{32,m})} = -\frac{4\alpha l}{m^2\pi^2}(F_{0,12}(m) + F^{*}_{l,12}(m)). \tag{22.9}$$

$\alpha l =$ Leitungsdämpfung. Der Stern bezeichnet den konjugiert komplexen Wert. Die Bezeichnungen $N_{0,12}$ usw. ergeben sich aus Abb. 45, S. 101.

Anwendung der Theorie auf technische Probleme.

Bespulte Niederfrequenzkabel.

Nebensprechen im *Spulenfeld* der Länge s
$(\gamma s)^2$ vernachlässigbar gegen 1; $L_{12}/Z_1 Z_2$ vernachlässigbar gegen C_{12}:

$$N_{12} = F_{12} = \tfrac{1}{2}\sqrt{Z_1 Z_2}\, j\omega C_{12} s. \tag{19.1}$$

Nebensprechdämpfung $b_N = -\ln|N_{12}|$ bzw. $b_F = -\ln|F_{12}|$:

$$b_N = b_F = \ln\frac{2}{\omega|C_{12}|\sqrt{Z_1 Z_2}\, s}. \tag{19.2}$$

Quadratischer Mittelwert des Nahnebensprechens im *Verstärkerfeld* der Länge l:

$$\sqrt{\overline{|N_{12}|^2}} = \tfrac{1}{2}j\omega\sqrt{\overline{C_{12}^2}}\,s\,\sqrt{Z_1 Z_2}\sqrt{\frac{1-e^{-2(\alpha_1+\alpha_2)l}}{1-e^{-2(\alpha_1+\alpha_2)s}}} \tag{19.9}$$

und für αl groß und $4\alpha s \ll 1$:

$$\sqrt{\overline{|N_{12}|^2}} = \tfrac{1}{2}j\omega\sqrt{\overline{C_{12}^2}}\,s\,\frac{\sqrt{Z_1 Z_2}}{\sqrt{2(\alpha_1+\alpha_2)s}}. \tag{19.9a}$$

Gekreuzte Paralleldrahtleitungen.

Nahnebensprechen:

Alle Leitungen mit Wellenwiderständen abgeschlossen.

Relativer Kreuzungsplan $a - b - c \ldots$ ($a,\ b,\ c,\ \ldots =$ Potenzen von 2), $s =$ Kreuzungsschritt.

$$N_{12} = \left(\frac{\overline{\varkappa_{12}}}{2} - \frac{\overline{\varkappa_{13}\varkappa_{32}}}{4}\right)(1 - e^{-2\gamma l})\,th\,a\gamma s\cdot th\,b\gamma s\cdot th\,c\gamma s\cdots. \tag{21.7a}$$

Fernnebensprechen:

Leitung 1 mit Wellenwiderstand abgeschlossen,

 Kreuzungsplan $a_1 - b_1 - c_1 - \ldots (a_1 > b_1 > c_1 > \ldots =$ Potenzen von 2).

Leitung 2 mit Wellenwiderstand abgeschlossen,

 Kreuzungsplan $a_2 - b_2 - c_2 - \ldots (a_2 > b_2 > c_2 > \ldots =$ Potenzen von 2).

Leitung 3 beidseitig offen, ungekreuzt.

a) Höchste Kreuzungsindexe verschieden $(a_1 \neq a_2)$:

$$F_{12} = 0. \tag{21.11}$$

b) Höchste Kreuzungsindexe gleich, zweithöchste verschieden $(a_1 = a_2, b_1 \neq b_2)$:

$$F_{12} = \frac{l}{2\,s}\,\overline{\varkappa_{13}\,\varkappa_{32}}\;T_1\,T_2\,th\,a_1\gamma s \tag{21.18}$$

mit

$$T_1 \equiv th\,b_1\gamma s \cdot th\,c_1\gamma s \ldots$$

$$T_2 \equiv th\,(-\,b_2\gamma s) \cdot th\,(-\,c_2\gamma s) \ldots$$

Nachtrag zu § 5.

Die Gl. (5.8), die auf Seite 26 aus dem Aufbau von M_u und M_q hergeleitet wurde, läßt sich auch leicht aus einer physikalischen Überlegung erhalten. Wir bilden die Größe $\varphi' q_D$:

$$\varphi' q_D = (\varphi_1, \varphi_2, \cdots \varphi_z) \begin{pmatrix} q_1 \\ q_2 \\ \vdots \\ q_z \end{pmatrix} = \varphi_1 q_1 + \varphi_2 q_2 + \cdots \varphi_z q_z$$

$\frac{1}{2}\varphi_\nu q_\nu$ ist die elektrostatische Energie, die vom Draht ν herrührt; $\varphi' q_D$ also die doppelte elektrostatische Gesamtenergie des Mehrleitersystems. Sie wird offenbar nicht dadurch geändert, daß die Ladungen und Potentiale durch die Zusammenfassung der Drähte zu Leitungen anders aufgeteilt werden, d. h. es ist $u_L' q_L = \varphi' q_D$. Aus $u_L' q_L = \varphi' M_u' M_q \varphi_D$ [vgl. Gl. (5.4a) und (5.4b)] folgt daher $M_u' M_q = E$ sowie die übrigen Gleichungen der Gl. (5.8).

Schrifttum.

(Zeitlich geordnet)

[1] WAGNER, K. W.: Induktionswirkungen von Wanderwellen in Nachbarleitungen. ETZ **35**, 639—643, 677—680, 705—708 (1914).

[2] PINKERT, W.: Induktionsschutz für Fernsprechleitungen. TFT **8**, 4. Sonderheft, 108 (1919).

[3] KÜPFMÜLLER, K.: Über das Nebensprechen in mehrfachen Fernsprechkabeln und seine Verminderung. Arch. Elektrotechnik **12**, 160—203 (1923).

[4] CARSON, J., u. R. S. HOYT: Propagation of periodic currents over a system of parallel wires. Bell Syst. Techn. J. **6**, 495—545 (1927).

[5] DOEBKE, W.: Das Nebensprechen in Fernsprechkabeln. ENT **8**, 63—76 (1931).

[6] JORDAN, H.: Über die Beseitigung von Störgeräuschen in beeinflußten Fernsprechkabelleitungen. ENT **8**, 422—430 (1931).

[7] SCHILLER, H.: Über Nebensprechstörungen in Fernsprechkabeln. ENT **8**, 114—421 (1931) und ENT **9**, 81 (1932).

[8] KADEN, H.: Verfahren zum Nebensprechausgleich von mit Trägerfrequenz betriebenen und auf dem gleichen Gestänge angeordneten Fernmeldefreileitungen. DRP 666 795 vom 13. 12. 1933 (Anmelder: Siemens & Halske AG.).

[9] CHAPMAN, A. G.: Open wire crosstalk. Bell Syst. Techn. J. **13**, 19—58, 195—238 (1934).

[10] SIEBER, K., u. K. SCHLUMP: Beitrag zur Theorie des Aufbaus störungsarmer Fernsprechkabel. ENT **11**, 119 (1934).

[11] WUOKEL, G.: Komplexe magnetische Nebensprechkopplungen in Fernsprechkabeln. ENT **11**, 157 (1934).

[12] WUOKEL, G.: Entstehung und Wesen der magnetischen Nebensprechkopplungen im Fernsprechkabel. Europ. Fernsprechdienst **34**, 18 (1934).

[13] WAGNER, K. W.: Grundsätzliches über elektromagnetische Kopplungen zwischen parallelen Leitern. Europ. Fernsprechdienst **36**, 147—156 (1934).

[14] DROSTE, H. W.: Das Neumeyer-Buch. Nürnberg 1934.

[15] KADEN, H.: Über die Betriebs- und Kopplungskapazitäten zwischen den Leitungssystemen eines Vierers. Arch. Elektrotechnik **29**, H. 9 (1935) oder Veröff. Nachrichtentechn. **5**, 3. F., 149—154 (1935).

[16] VOS, M., u. C. G. AURELL: Methods for Increasing Cross-Talk Attenuation between Overhead Lines. Ericsson Technics Nr. 6, 113—149 (1936).

[17] KADEN, H., u. H. KAUFMANN: Das Nebensprechen bei Freileitungen für Trägerfrequenzsysteme. TFT **27**, 566—577 (1938) oder Veröff. Nachrichtentechn. **9**, 1. F., 17—25 (1939).

[18] KADEN, H.: Das Nebensprechen zwischen unbelasteten Leitungen in Fernsprechkabeln. Europ. Fernsprechdienst **49**, 173—180 (1938) oder Veröff. Nachrichtentechn. **8**, 439—446 (1938).

[19] WIDL, E.: Quer- und Längsausgleich an in Betrieb befindlichen Fernkabelleitungen. Europ. Fernsprechdienst **52**, 162 (1939).

[20] SOMMER, F.: Die Berechnung der Kapazitäten bei Kabeln mit einfachem Querschnitt. ENT 17, 281—294 (1940) oder Veröff. Nachrichtentechn. 10, 3. F., 49—62 (1940).

[21] MEYER, U.: Kopplungen. Europ. Fernsprechdienst 58, 181—189 (1941).

[22] GERMER, K., P. KREMER. u. H. RIST: Verfahren zum Ausgleich von magnetischen Gegenübersprechkopplungen. DRP 736242 vom 7. 3. 1941 (Anmelder: Allgemeine Elektricitäts-Gesellschaft).

[23] KADEN, H., u. G. ELLENBERGER: Die zulässigen Bauungenauigkeiten bei Freileitungen für Trägerfrequenzsysteme. Europ. Fernsprechdienst 58, 235—247 (1941) oder Veröff. Nachrichtentechn. 11, 2. F., 19—31 (1941).

[24] SCHMID, H.: Entstehung und Wesen des Nebensprechens zwischen Fernsprechleitungen. Fernmelde-Ingenieur 1, H. 11 (1941).

[25] SCHMID, H.: Der konzentrierte Ausgleich des Fernnebensprechens bei vielpaarigen Fernsprechkabeln. TFT 31, 229 (1942).

[26] SCHMID, H.: Die Technik des Nebensprechausgleichs bei Fernsprechkabeln. Fernmelde-Ingenieur 3, H. 3 und 4 (1943).

[27] ELLENBERGER, G.: Die Absorptionsspitzen der Leitungsdämpfung von Freileitungen. TFT 32, 75—83 (1943).

[28] KLEIN, WILH.: Das Aufsuchen der groben Baufehler bei Drehkreuzleitungen. TFT 32, 125—127 (1943).

[29] KLEIN, WILH.: Das systematische Nebensprechen bei Drehkreuzleitungen. Postarchiv 72, H. 3 und 4 (1944).

[30] KLEIN, WILH.: Die Doppeldrehkreuzlinie für Trägerfrequenzbetrieb. Elektrotechnik 1, 28—32 (1947).

[31] WUCKEL, G., u. W. WOLFF: Pupinisierte Trägerfrequenzkabel. AEÜ 2, 343—357 (1948); 3, 11—23 (1949).

[32] KLEIN, WILH.: Trägerfrequenztechnik. Leipzig: Akad. Verlagsges. 1949.

[33] KLEIN, WILH.: Das Nebensprechen auf einem Freileitungsgestänge. AEÜ 4, 293—300, 361—366 (1950).

[34] KADEN, H.: Die elektromagnetische Schirmung in der Fernmelde- und Hochfrequenztechnik. 1. Aufl. Berlin/Göttingen/Heidelberg: Springer 1950.

[35] KLEIN, WILH.: Das Fernnebensprechen im Vierer eines Sternviererkabels. AEÜ 5, 414—421(1951).

[36] KLEIN, WILH.: Das Nebensprechen bei Leitungen mit beliebiger Kopplungsverteilung. Funk u. Ton 6, 57—63 (1952).

[37] WEDEMEYER, E.: Symmetrische Trägerfrequenzkabel für Höchstausnutzung. Wissenschaftliche Berichte III 2, Berlin: Verlag Technik 1952.

[38] GOEDICKE, E.: Über die Verschiedenheit der Winkelkonstanten bei symmetrischen Trägerfrequenzkabeln. F&G-Rdsch. H. 34, S. 8—13 (1952).

[39] BAEYER, H., u. R. KNECHTLI: Über die Behandlung von Mehrleitersystemen mit transversal elektromagnetischen Wellen bei hohen Frequenzen. ZAMP III, 271—286 (1952).

[40] KLEIN, WILH.: Die Kopplungen in einem Leitungsbündel. AEÜ 7, 143—155 (1953).

[41] KLEIN, WILH.: Die Theorie des Imvierer-Fernnebensprechens. AEÜ 8, 155—162 (1954).

[42] KLEIN, WILH.: Die geschichtliche Entwicklung der Nebensprechtheorien. Frequenz 8, 183—186 (1954).

[43] OLIVER, B. M.: Directional Electromagnetic Couplers. Proc. I. R. E. 42, 1686—1692 (1954).